KB269581

SUDOKU

두뇌가 좋아지는

고급×특급

The
모두의
스도쿠

스프링북

두뇌가 좋아지는
The 모두의 스도쿠 스프링북 고급×특급

초판인쇄 | 2026년 1월 9일
초판발행 | 2026년 1월 16일

지 은 이 | 스도쿠 크리에이터
펴 낸 이 | 고명흠
펴 낸 곳 | 랜딩북스

출판등록 | 2019년 5월 21일 제2019-000050호
주   소 | 서울시 서대문구 세검정로1길 93, 벽산아파트 상가 A동 304호
전   화 | (02)356-8402 / FAX (02)356-8404
E-MAIL | landingbooks@daum.net
홈페이지 | www.munyei.com

ISBN 979-11-91895-44-5 (13410)

스도쿠 이해하기

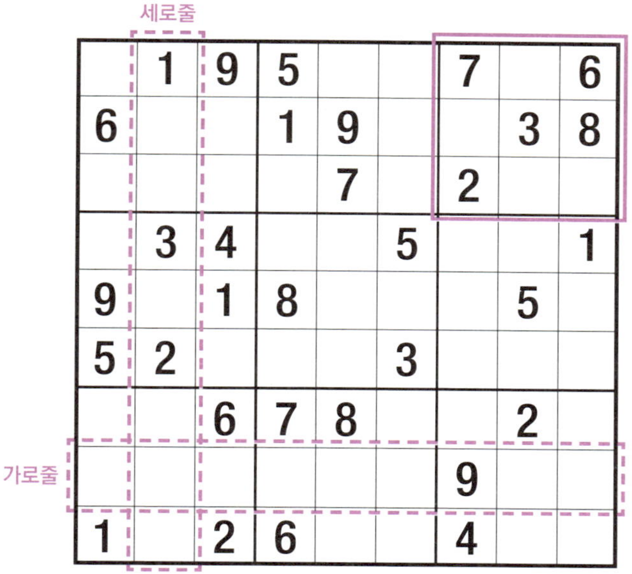

스도쿠는 가로와 세로가 각각 아홉 칸으로 이루어진 큰 사각형에 1에서 9까지의 숫자가 일부 채워진 상태로 시작합니다. 퍼즐을 완성하려면 아홉 칸으로 이루어진 작은 사각형(□, 3×3), 가로줄과 세로줄(┆┆)의 각 칸에 1에서 9까지의 숫자를 중복없이 채워 넣어야 합니다.

일부 채워져서 보이는 숫자들을 잘 살펴보고 각 빈칸에 들어갈 숫자를 알아내세요. 처음에는 확실한 숫자부터 채워나갑니다. 처음부터 빈칸을 다 채우려고 하면 오히려 헷갈려요. 반대로 한눈에 봐도 자리가 확정된 숫자들이 있는데, 그걸 먼저 채우면 퍼즐이 서서히 풀리기 시작합니다.

다음으로 작은 사각형(3×3)을 기준으로 보는 습관을 들여야 합니다. 처음엔 가로줄과 세로줄만 보게 되는데, 사실 중요한 건 작은 사각형

(3×3) 안에 1에서 9까지의 숫자가 중복되지 않도록 채우는 거예요. 이걸 의식하면서 보면 빈칸의 숫자가 좀 더 쉽게 보입니다.

스도쿠 푸는 방법

① 작은 사각형, 가로줄, 세로줄 확인하기

스도쿠의 시작은 작은 사각형(3×3), 가로줄, 세로줄을 분석하는 데 있습니다.

예를 들어, 하나의 작은 사각형(3×3)에 1, 2, 3, 4, 5의 숫자가 이미 들어가 있다면, 그 작은 사각형(3×3)의 나머지 칸에는 6, 7, 8, 9 중 어떤 숫자가 들어갈 수 있는지를 결정할 수 있습니다. 이처럼 각 빈칸에 들어갈 수 있는 숫자를 고려하는 것은 문제 해결에 큰 도움이 됩니다.

1) 3×3의 작은 사각형 푸는 방법

㉮의 작은 사각형에서 **A**, **B**에 들어갈 수 있는 숫자를 찾아보자. ㉮의 작은 사각형에 들어갈 수 있는 숫자는 2와 8이 남아 있다.

A의 세로줄에 이미 2가 있으므로 **B**에 2가 들어가야 한다. 그러므로 **A**에는 8이 들어가야 한다.

	②			8		4	①	3
		8	3	6	2	5		
3	9			5			②	
9	**A**	**B**	4		6	7	**C**	**D**
7	3	4	2		⑤	8	**E**	6
①	6	5		7		3	4	**F**
	4	1					3	5
		3	8	4	1	9	6	
6	7	9					8	4

㉯의 작은 사각형에서 **C**, **D**, **E**, **F**에 들어갈 수 있는 숫자를 찾아보자. **㉯**의 작은 사각형에 들어갈 수 있는 숫자는 1, 2, 5, 9가 남아 있다.

1이 들어가야 할 자리는 **C**, **E**의 세로줄과 **F**의 가로줄에 이미 1이 있으므로 **D**에 1이 들어가야 한다.

2가 들어가야 할 자리는 **C**, **E**의 세로줄에 이미 2가 있으므로 **F**에 2가 들어가야 한다.

5가 들어가야 할 자리는 **E**의 가로줄에 이미 5가 있으므로 **C**에 5가 들어가고, 나머지 9는 **E**에 들어가게 된다.

2) 가로줄과 세로줄 푸는 방법

㉮의 가로줄 **A**, **B**에 들어갈 수 있는 숫자를 찾아보자. **㉮**의 가로줄에 들어갈 수 있는 숫자는 8과 9가 남아 있다.

A의 세로줄에 이미 8이 있으므로 **B**에 8이 들어가며 나머지 9는 **A**에

들어가게 된다.

    나의 세로줄 **C**, **D**에 들어갈 수 있는 숫자를 찾아보자. **나**의 세로줄에 들어갈 수 있는 숫자는 1과 5가 남아 있다.

    다의 작은 사각형에 이미 1이 들어가 있으므로 **C**에 1이 들어가며 나머지 5는 **D**에 들어가게 된다.

3) 홀짝 스도쿠와 X 스도쿠 푸는 방법

    이 책에는 스페셜 스도쿠로 '홀짝 스도쿠'와 'X 스도쿠'가 수록되어 있습니다. 일반적인 9×9 스도쿠를 푸는 방법으로 풀 수 있지만 다음의 규칙이 추가됩니다.

    홀짝 스도쿠는 ○가 표시된 칸에는 홀수, △가 표시된 칸에는 짝수만 들어가야 합니다.

X 스도쿠는 색칠된 두 대각선의 칸에도 1~9까지의 숫자가 중복없이 들어가야 합니다.

② 후보 숫자 적어두기

초보자에게 가장 추천하는 방법 중 하나는 퍼즐을 풀다가 막히면 빈칸에 들어갈 후보 숫자를 적어두는 것입니다. 이렇게 하면, 특정 칸에 들어갈 수 있는 숫자의 범위를 줄이는 데 효과적입니다.

예를 들어, 특정 빈칸에 7과 8이 들어갈 수 있는 숫자라면, 그 칸에 작은 글씨로 적어두고 다른 숫자들과의 관계를 살펴보세요. 각 칸에 적어둔 후보 숫자를 통해 어떤 숫자가 들어갈 수 있는지를 파악할 수 있습니다. 이 과정은 처음에는 다소 번거롭게 느껴질 수 있지만, 반복하면서 훨씬 더 익숙해질 것입니다.

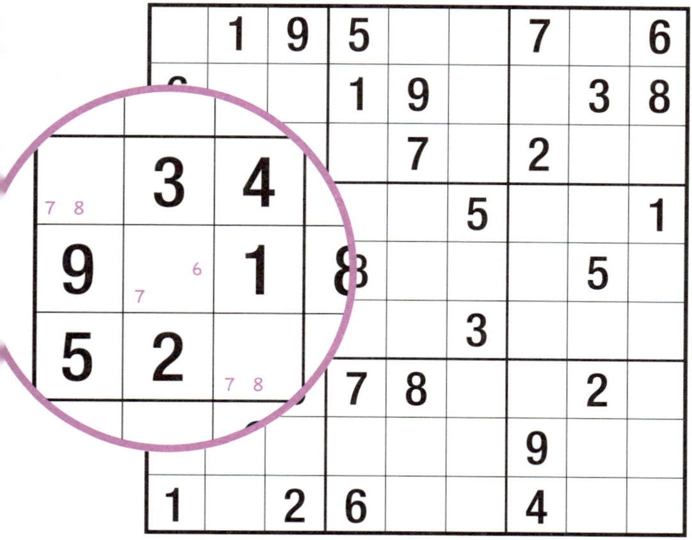

③ 적절히 휴식하기

스도쿠 문제를 풀다가 잠시 멈추어 생각을 정리할 필요가 있습니다. 이를 통해 퍼즐 전체를 다시 검토하고 새로운 관점을 발견할 수 있습니다. 때로는 문제에 갇힌 상태에서 벗어나 잠시 휴식이 필요합니다.

④ 시간제한 두기

스도쿠 문제를 풀 때 시간을 체크하고 시간제한을 두는 연습을 합니다. 일정 시간 내에 퍼즐을 푸는 연습을 하면서 보다 효율적으로 문제를 해결하는 능력을 키울 수 있습니다. 초기에는 여유롭게 시간을 두고 생각하며 문제를 풀다가, 점차 빠른 속도로 문제를 해결하는 것을 목표로 하는 것입니다. 제한된 시간이 주어지면, 긴박감 속에서도 논리적인 사고를 유지하는 데 도움이 됩니다.

⑤ 다양한 난이도 도전하기

스도쿠를 더욱 잘 풀기 위해서는 다양한 난이도의 퍼즐을 시도하는 것이 중요합니다. 쉬운 문제부터 시작하여 점차 어려운 문제로 넘어갈 때 자신의 발전을 느낄 수 있습니다. 초기에는 쉬운 문제로 감을 익히고, 중간 및 어려운 난이도로 넘어갈 때는 보다 분석적인 사고가 필요하다는 것을 깨닫게 될 것입니다. 이렇게 하면 스도쿠에 대한 자신감을 키우고, 실력을 단계적으로 증진시킬 수 있습니다.

스도쿠는 단순한 숫자 퍼즐이 아니며, 깊은 사고와 전략적 접근이 필요한 도전적 게임입니다. 초보자라 하더라도 앞에서 언급한 방법을 통해 문제 해결 능력을 기를 수 있습니다. 한 문제씩 차근차근 풀어보며, 스도쿠가 주는 재미와 보람을 느껴보길 바랍니다. 지적으로 도전하는 과정을 통해 머리도, 마음도 한층 성장하게 될 것입니다. 스도쿠를 통해 문제 해결 능력을 기르고, 삶의 여러 도전들에 대해 보다 자신감 있게 접근할 수 있기를 기원합니다.

고급×특급

The 모두의 스도쿠

스프링북

Date :　　　.　　.　　　　Time :

1			6	8			2	5
2			4					1
	7	8						
5			3	7				
3	9		8		6		5	2
			2				6	
8	1	2	7		3			
4					2	3		
		9		3	8			

정답 164p

Date : . .   Time :

7		9		4				
			9	5	8		6	
8								3
1		4	6	2	3		7	
	6					2		4
	2			7		8		6
	1			3				9
	4	5		8				
3					4	5		1

Date :　　　.　　.　　　　　Time :

1						4	3	
	3	8					2	
5	9			6		7		
		6		8		3	5	
			5	3	6	2	1	
					1			
8	2			9			7	
9					2	8		
	5	3	7				4	2

정답 164p

Date :   .   .   Time :

	6						7	
7		9						
3	4				5	1		
					8		6	9
6	1			4				3
	8					5		
4	7	1		3	6	9		8
					7			1
			5		4			6

005

Date :　　　.　.　　　　Time :

				2		3	5	
5								
	8		4	3				
2	6				1	4		
	4		3					6
8				6	4	2		3
1	5	8	2					4
				8			2	
7				4				1

정답 164p

5				1		9		8
8	1					6		2
		2						
				6				5
	3	5			1			
4				2				
9	5		4		6	2		
		6			3			
2		7		9		4	6	

정답 164p

Date : . . Time :

	1			8				9
		2	9		6			
		6	4				1	
							2	
1			6		9	4		7
3		5						
6			7		5			2
					4		3	1
8	7	4		2				5

Date :　　　.　　.　　　Time :

						9	3	6
	1	3	4					
	4			3				7
3	7	8		9				2
1							5	8
2			6	1		8		9
9			8				7	
	8			4		5	6	

정답 165p

Date :   .   .   Time :

		6	2			4		
	2	7	6				9	5
5	3			4				
		3	5	9			2	
		2	3		8		7	4
		8		3				1
	9				6			2
1		5				9		

정답 165p

Date :　　　.　　.　　　　Time :

					3	1		8
4	8	3			9			
		7	8		2			
7			5			6		1
3				6			2	
		9		2	8		7	
8		6	2					4
	9			7				2
			3			5		

정답 165p

Date :　　　.　.　　　　Time :

	2	9	6		1			
5		8			3	1		
				5	9			7
6						5		
	7	4		3				2
							1	9
4			3		2		7	5
		1			7	3		
		7		9	4	6		

정답 165p

Date :   .   .

Time :

	7				4		6	2
8				3				7
2	6				5		8	
	2	6	5				4	9
		4					1	
9	1				7	6		
				2				5
			1	9				
				8	1	3	4	

정답 165p

Date :　　.　.　　　　Time :

6		9			7			
4			2		8		1	
		4						
	2		5	4		1	8	9
9					6		2	5
1		8			5	6		
		5		1			7	
	4			8	9		5	

정답 166p

22

Date : . . Time :

	8			5	6			
			8			1		
5	9		1	2			4	7
			5			9	7	
2				9	7			5
	5	9	3					
	2							
3								
6	7			4	1		2	8

정답 166p

23

Date :   .   .   Time :

				6			8	
5					4	6		1
4			1					3
	7				9		3	
	5			3				7
	6		4		2			9
8			7		3		6	5
7	4	1		8	5		9	

정답 166p

Date : . .   Time :

8					1			
	5	1		9		4		8
						6		
	7					8		
5			6		3			2
		2	8					6
9					5	7		1
2	1			6	7			4
4	6					5		

정답 166p

Date :   .   .   Time :

				6		2	1	
	2			5				
		6			2	3		4
		7				4		
9			3	2	8			6
			1				3	2
5		2		7		8		
	9		6					
8		1				6		

정답 166p

Date :   .   .   Time :

		7	2	9		1		
3	1						4	5
		4		7			2	
				4				
	9	3			6			
	2	1			9	3	8	4
4			8				9	
		6		3	4		1	

정답 166p

Date :　　.　　.　　Time :

7		4				9		5
							3	
2	1			5				8
	9	1				5		3
6	3			8				
		2	1				6	7
		8		7			5	
			2			1		
4	6	5	3					

정답 167p

			6	7		8	5	
	9	5		1	4			
					2	7		4
		6			1	9		7
	5						3	
			9					5
9	4				5		6	8
	8							2
	1		2			5		9

정답 167p

Date :　　.　　.　　Time :

3	9					6	1	
			7					8
4		2				9	7	5
		3	8	2				
	4			7				
7		6		3				
					3			
	1	9		4	6	8	3	
5		4	2					6

Date :　　.　　.　　Time :

7	1				4	5	6	
4			8					
	3	6					8	2
	6	5						
2					1			
			6		7	9		5
	2			9	8		4	3
	4		7					
		1		3	2		9	7

정답 167p

Date :　　.　　.　　Time :

			6				9	
6	4		8	7				2
8				4			5	
	5	6		3				8
7					2	5	4	
	3	2		8			1	
		3		1				
			7	9				
	1		3		5			7

정답 167p

Date :   .   .   Time :

					8		6	
	2	6			4	3		
	1	8			3			5
		7		4	1		3	
				6		5	1	
		2	3		9			
			7				5	
	3	9				6	2	8
	4	5		9				

정답 167p

Date :   .   .

Time :

			2	7				6
		6						
5	9		3		1			7
				8		4		
			6			9		
4						6	2	3
3		5					6	
	9			4				2
	4	7		3			1	9

정답 168p

Date : . . Time :

6		8					5	3
								4
				8	4			2
8		1	4	3				
	5	7	8	1				
						7		
	4		9		3			7
	1		2					6
7		6	3				2	

정답 168p

Date :　　　.　　　.　　　　Time :

			5		4			
2								
4		7		6		9	8	
6	3				2			
				1			7	
5								1
3	4			2	8		5	1
			4				2	
	8		1	5	7		3	

정답 168p

Date :　　.　.　　Time :

7					2			3	
	6	3		4	5			
	4						8	
		1	5		4			
6		5				1		4
	9		7					
	8				1	9		2
	5						7	
1	2			5	7		4	

Date : . . Time :

			9					
3	8		7		5		9	4
7	1					2		
4		6	8					2
			5	2		6	8	7
	9		4				5	
			2			8		3
		4			3		2	

정답 168p

Date :　　　.　　.　　　　Time :

	6							
			1				4	
8			7			5		
7		8	3			4		
4		6			9		7	5
		5					1	
	7				3		2	
		1		5	2	7	6	
		4			1			3

정답 168p

Date :　　　.　　.　　　Time :

	1		7	4				
	5	6		2		8		
	3		6			9	1	
8					7		9	
5							6	
1			2				4	8
		2		1			5	
6			4					
4			5	3				6

정답 169p

Date :   .   .   Time :

	9	1		8				
		7	6	9	3			1
	4			2			8	
2	8	3		4	7		9	
	3				6	9		
6			2				4	
4	5		9	3		2	7	6

Date : . .   Time :

					5		6	2
1		2		8				
						4		
6	4			7			5	
7	9		5				8	
8				9	6			
					9			3
9					1	8		7
			7	6	3			1

정답 169p

Date :　　　.　.　　　Time :

						3		
		4			7		2	
2						9	7	
	1	2		7		6		3
	7		8			1		
9		8					5	
	8			6				
		9	4		1	5		8
6		5	3					

정답 169p

Date :　　　　.　　.　　　　Time :

			1					7
8	4	3			5			
		2					5	
9			2				7	3
	2			5				
	5	7	6				8	
1			4	7	6			
				1			3	6
		4			8		9	

정답 169p

Date :　　　.　　.　　　　Time :

1					7			
4				5	1	8	9	
9			2					
			4	6				9
		9		8		2	5	1
8		2						
		4					6	7
5		6			8			
				7		4		

Date :　　　.　　.　　　　Time :

				3		6		5
		4	6		2			
	7				8		1	
2	9	1			6		8	
4						3		
7				2		1		
			8					3
		2	1					7
	3			4	5		6	

정답 170p

Date :　　　.　　.　　　　　Time :

6		8	7			5	1	3
2			8	1		6		
	7						2	
		7			3		6	
5			2	7				
	4			5			3	
				8	2			
		2	5					
			6				4	8

정답 170p

Date :　　.　　.　　　　Time :

6				4			5	
		4		1		8	2	
	9		8					1
		5			1			
9	2		4				1	7
8			6		7			
				7				
		2		9		6		
1	5	3			6			4

정답 170p

Date :　　　.　　.　　　　　Time :

		6			3	4		7
9		8				1	2	
	5							9
	1	5		4	9			
6								
				5			6	4
	6	2	9	3		5		
	4							
	8				6		7	3

정답 170p

Date : . .   Time :

						8	9	7
	1			2				
5					6		4	
		4	2	1	7	6	8	
6			9				7	
								1
9	4		5					
		8	7		2	5	3	
2		5		8				

정답 170p

Date : . . Time :

6				2				8
2	4		1				7	
	8	7			9			
3		4			5			2
						7		
			7	9			3	
				1			5	4
	9						2	
1	2	5	8	3			6	

Date : . . Time :

	2	3	6	7				5
6							9	
	5							
	8				1			
					3			6
3		5			9	2		1
	4		5				3	2
8		2		3				
5				4		7		9

정답 171p

Date :　　　.　　.　　　　Time :

	1		7					
		9					3	
	6			1	8		2	
		7	5			2		4
5				7		8	1	9
	4			6	3	5		1
8	9				4			
				8			9	

정답 171p

Date :　　　.　　.　　　　Time :

8	5	7		9				
	4					5		9
6			5		8		4	
						3		8
		8				9		
			4		6		5	7
		4	3	6				2
7							3	
	9			5		4		

정답 171p

Date :　　　.　　.　　　Time :

	6	9	5				1	
				4	3			6
	5		1			4		
								5
	4				1	7	8	9
	7			9	6			
		1					9	4
	3		9		4		6	
			3					1

Date : . . Time :

			3		9		7	1
		9		4				
	7			6				
					1		6	
	5		4		2	9		8
	3				8		4	
		1	7	5	3			
6		3					9	
		7		2		8		

정답 171p

Date :　　.　　.　　Time :

2	4			9	1			
			2				1	5
	8	6			4			
		3						
5				1				
		4	9		5	7	3	6
7	3					1	9	
		2				5		8
9				8			6	

049

Date :　　　.　　.　　　　Time :

		3		9			2	7
	9		7				4	
1			4					8
5			3	6				2
2		1	5					9
		8				3		
6		9					8	5
			8	7				6
		2	9					

정답 172p

Date :　　　．　　．　　　　Time :

	9	5		3		1		2
		8		5				
7	2				1		3	
2								
5		4	7			9	8	
					4		5	6
1					5			3
			3		9	8		4
	7				2			

정답 172p

Date :　　　.　.　　　　Time :

		6		2		8	9	
					3		1	4
1		9		8	6			
	7						2	6
4		2	7					
9				5	1			
				7	5			2
2		7			9			
3		4						8

정답 172p

Date : . .   Time :

9			6	1		7	5	
	1				5			
	3			9				4
5					1			2
	6			2		4		
	8			7			1	
		4		5			3	7
	5	7	8			9		1
				3				

정답 172p

Date : . . Time :

8	3							7
	6		1	2				5
	1			9				6
				8		3		
	9		5		1	2		
7		8		3				1
								2
4		6	3			9		
				4	8		5	3

Date :　　.　.　　Time :

3	8		2			7	6	
1					7			9
4				6	8			5
				7			9	
5					3	8		
		9			2	4		6
		3	1				5	
	4	6		3				1
							4	

Date :　　.　　.　　Time :

1					9	3		
3	7			6				
					5		4	2
2					3	5		
	8	9			4			
				7			6	
	1		8		2		5	
6							2	
	5		9		6	4		

정답 173p

Date :   . .   Time :

		6			8			7
			5		3			
	5		1			6		8
				9				
		1		4		3	6	
	2	8				4		9
7		9	4	3			1	
				1			4	5
		5	6			7		

정답 173p

Date :　　　.　　.　　　　Time :

	7	5			4			
3				9		1		6
				6			8	
			3				4	
2		1		4				
		8	1			6	5	
	5				1		2	
1					8			4
		3	2			7		

정답 173p

Date :　　　.　　.　　　　Time :

	4	1		8			3	
3								
	2		9				8	
	3	2		5				6
							7	
1	5		7				4	
5			8	9	7	4		
		7					6	1
	9		2		6			

정답 173p

Date : . . Time :

9				4	6	7	8	
					7			2
6	8			9				
3	9							
						1	3	
8	5							9
2	1	3	4					6
5			2			9	4	
						5		1

정답 173p

Date :　　　.　　.　　　　Time :

	2	4			9		7	
				6	3		8	
8	9					6		
3	5					7		
				5				
9	6	8		2	7			3
5						2		8
			1	8				
1			7		2	5	6	

정답 173p

Date :   .   .   Time :

	6	4					8	
			8					4
7				1				
		6					7	5
				9			2	8
2		7		4		3		
	2		6		9			3
			4			7	5	
8		3			2	9		

정답 174p

Date :　　.　.　　　　Time :

<table>
<tr><td></td><td></td><td></td><td>5</td><td></td><td>1</td><td></td><td>3</td><td>7</td></tr>
<tr><td>3</td><td></td><td></td><td>2</td><td></td><td></td><td></td><td>8</td><td></td></tr>
<tr><td></td><td></td><td></td><td>9</td><td></td><td></td><td>2</td><td></td><td></td></tr>
<tr><td></td><td></td><td>1</td><td>6</td><td>7</td><td></td><td></td><td>5</td><td></td></tr>
<tr><td></td><td>9</td><td></td><td></td><td></td><td></td><td>1</td><td></td><td></td></tr>
<tr><td></td><td>6</td><td></td><td></td><td></td><td></td><td></td><td></td><td>2</td></tr>
<tr><td></td><td></td><td></td><td></td><td></td><td>6</td><td>4</td><td></td><td></td></tr>
<tr><td>4</td><td>7</td><td></td><td>3</td><td></td><td>5</td><td>9</td><td>1</td><td></td></tr>
<tr><td></td><td></td><td>9</td><td></td><td></td><td>8</td><td></td><td>6</td><td>3</td></tr>
</table>

정답 174p

7	3			4				2
					1			6
6	2	8						
5		4					3	
					4	2		9
		2	7					5
				3	8	5		
	4	7		6				
8	1				9		6	

정답 174p

Date :　　　.　　.　　　　Time :

5			8			6		3
		1				8		
		6	7	1				
3				8			7	4
7	4			3				5
			5					9
1								6
			1	5		7	2	
2	8		6		9		5	

정답 174p

Date :   . .   Time :

4					6		8	5
		1					3	
2		8		5	3			
								7
	2	6				1		
3			2	7	5			
8						9	6	
		7		6				
			1	4		5	7	8

정답 174p

Date :   .   .　　Time :

	6							
9		4		7				1
	1		8		4		5	2
	8				6	5		4
					8		3	
	4	3	2					
7						4		9
8		2			1	3		
			5		9			

정답 174p

Date : . . Time :

					7			
4		1	5				2	
	6		1			9		
	4	2				8		
9			7					
		8	9		6	4		
	8	5	6			3	1	4
3			4	5				
	9				3			2

정답 175p

Date : . . Time :

	4		6					3
7							8	6
			8					
1	2				4			9
	9					7		
		7		2			3	
					1			5
		5	9				7	
	8	4		6	7		9	1

정답 175p

Date :　　　.　.　　　　Time :

8								
1		3		6		4		2
		4	3	5				
				2		8		
		5	1					7
9	8						5	1
5			4				7	
	2		8					4
	7				5		9	

Date :　　　.　　.　　Time :

9		6	3				7	
				2		5		
4		1		7	8		6	9
				3			1	
		2						
5	8				9		3	2
							2	4
		9	7					
2	1		6				9	

Date : . .   Time :

	2			4		9		3
	4	3			1		2	
					9			
6	1				2	8	3	
		2	7					
	8			7				
5			8	9		4		2
	9		2			5		1

정답 175p

4		7		6	8			
				5		8		7
	1						4	
	4				9		2	
7		3		2		1		
	9		3			5		
9	6					7		
			2	4		9		
5			6		3		8	

정답 175p

Date : . .   Time :

1					7		5	
7		8	1			6	9	
			3	9				
	5		7				4	
	7	3	4	2			8	1
2								6
	9			3	5			
4								
	1	6		4			2	5

정답 176p

Date :　　.　　.　　Time :

		1		7	2	6	8	5
5								
		6	3		8	4		
	6					1	4	
8			2					9
	9		7		3			6
			4					
		9		8			2	
	3		5		6	9		7

정답 176p

Date : . .   Time :

	3	8				7		6
1								
				6	2			1
	1	9		4	6	3		
					9		6	7
		3	5		7	2		
8	6		7		3		2	
					4	8		5
	9							

정답 176p

Date :　　.　.　　　　Time :

6		9						
		8		5	9			
	3		6				5	
5			2					7
	7				6		4	
		4				6	9	
		6			7	4		2
	4	2	9		8			3
	8					9	7	

정답 176p

Date :　　　.　　.　　　　Time :

					4	6		
		8	1	9				
	4						3	2
	2	9	7		5		4	
		4	3	6				9
8								7
			6	4			7	
	5			8			6	1
		2			1			3

정답 176p

Date :　　.　　.　　Time :

			2				1	
1		9	7			6	3	8
	4							
6	1	2			8		9	
					9		5	
5		8	4					
		3	8	2				6
				3				1
8	7							5

Date :　　　.　　.　　　　Time :

1	3	4		5			6	
				7		5	8	
		8	4		6			
			5		1			
	1			6				9
6	4						7	
					9	3	1	
	7	2	8	1				
	9					2		8

정답 177p

Date : . .   Time :

	3			7		9		
2	9				1	7	4	
					5			3
		3			7	4		9
	7				2		8	
4				6				
	4	2			6	5		
		8	3	1		2		
	1						6	

정답 177p

★ **홀짝 스도쿠** : ○가 표시된 칸에는 홀수, △가 표시된 칸에는 짝수만 채워져야 합니다.

Date :　　　.　　.　　　　Time :

SPECIAL SUDOKU

★ **홀짝 스도쿠** : ◯가 표시된 칸에는 홀수, △가 표시된 칸에는 짝수만 채워져야 합니다.

Date : . .   Time :

5		△		◯		2		
		1	4		7			
		3	5				8	△
1	△	6		9	5	◯		2
							1	3
9	3		1			5		8
2				◯		6		
	5		7				3	
		9		1		2		

정답 177p

083

SPECIAL SUDOKU

★ **홀짝 스도쿠** : ◯가 표시된 칸에는 홀수, △가 표시된 칸에는 짝수만 채워져야 합니다.

Date :   .   .   Time :

정답 177p

SPECIAL SUDOKU

★ **홀짝 스도쿠** : ◯가 표시된 칸에는 홀수, △가 표시된 칸에는 짝수만 채워져야 합니다.

Date : . . Time :

	△		9					
	7			3		2		9
6				◯		3	7	
					◯	△		
8	3			7	9			
	◯	4	8		3		5	7
		2	7		8	△		4
9				2				
	8	6			4	9		1

정답 177p

SPECIAL SUDOKU

★ **홀짝 스도쿠** : ◯가 표시된 칸에는 홀수, △가 표시된 칸에는 짝수만 채워져야 합니다.

Date : . . Time :

		5	1	2				5
		5	7			8		9
3	7			8				◯
	2	△		3	◯			
	6					9		2
			1	8	6			
△	◯	1				5		
	9		7			2		4
7		2	3		△		8	6

정답 178p

SPECIAL SUDOKU

★ **홀짝 스도쿠** : ◯가 표시된 칸에는 홀수, △가 표시된 칸에는 짝수만 채워져야 합니다.

Date :   .   .   Time :

		3	8	△	2	◯		
◯	4						1	
	9	7						8
	7	5	4	△			9	1
				8	3			
◯		1	6				4	
	3				4	9		
△	1		9				3	
		6		8		1		4

SPECIAL SUDOKU

★ **홀짝 스도쿠** : ○가 표시된 칸에는 홀수, △가 표시된 칸에는 짝수만 채워져야 합니다.

Date :　　　.　　.　　　Time :

정답 178p

SPECIAL SUDOKU

★ **홀짝 스도쿠** : ◯가 표시된 칸에는 홀수, △가 표시된 칸에는 짝수만 채워져야 합니다.

Date : . .   Time :

8				4	7	1		
	5	7	1	9	3			
△				2	9			
7	2		9					8
6	◯		◯		△	4		
	4	8			5			
	◯		4		△	9	3	
	8	6	5				1	
3			1					

정답 178p

089

SPECIAL SUDOKU

★ **홀짝 스도쿠** : ○가 표시된 칸에는 홀수, △가 표시된 칸에는 짝수만 채워져야 합니다.

Date : . .   Time :

4		6	5	1		9		
	3	2		9	○			
	5						3	○
	△			2		6	5	
	7			4				1
△	2	1	3		5		○	
	△	2	4			7		3
	4		1				6	
		8		6			1	

정답 178p

SPECIAL SUDOKU

★ **홀짝 스도쿠** : ◯가 표시된 칸에는 홀수, △가 표시된 칸에는 짝수만 채워져야 합니다.

Date : . .   Time :

정답 178p

SPECIAL SUDOKU

★ X 스도쿠 : 색칠된 두 대각선의 칸에도 1~9까지의 숫자가 중복없이 채워져야 합니다.

Date : . .   Time :

6		2	4		8	5		
								2
	7			9		6		
	4				7		6	
7	9	3		2	6			8
	5				9	3	2	7
		5		8		7		
8			6			2		4
							9	3

SPECIAL SUDOKU

★ X 스도쿠 : 색칠된 두 대각선의 칸에도 1~9까지의 숫자가 중복없이 채워져야 합니다.

Date :   .   .   Time :

			6	5				3
	8			2	9			4
6	3		4				8	
	7	3	1		5			
4		2	7	3				5
5						3		1
	2	9		1				8
		7			3	4	5	

SPECIAL SUDOKU

★ X 스도쿠 : 색칠된 두 대각선의 칸에도 1~9까지의 숫자가 중복없이 채워져야 합니다.

Date : . .   Time :

정답 179p

094

SPECIAL SUDOKU

★ **X 스도쿠** : 색칠된 두 대각선의 칸에도 1~9까지의 숫자가 중복없이 채워져야 합니다.

Date :　　　.　　.　　　　Time :

9		8	3				5	
			7		5		8	
2				6			3	1
		4	6	7	2	8		3
						5		2
3			5		4			
	4		2		3			
	9		8			3		
6		2		5				

정답 179p

SPECIAL SUDOKU

★ X 스도쿠 : 색칠된 두 대각선의 칸에도 1~9까지의 숫자가 중복없이 채워져야 합니다.

Date : . .   Time :

4							5	
1		5		3	7			
	8					7		1
8		3			5		6	
			6			5	1	
			1			8	7	9
	2					1		8
6	3				7		9	2
	7			1	4			

정답 179p

SPECIAL SUDOKU

★ X 스도쿠 : 색칠된 두 대각선의 칸에도 1~9까지의 숫자가 중복없이 채워져야 합니다.

Date :　　　.　　.　　　　Time :

정답 179p

SPECIAL SUDOKU

★ X 스도쿠 : 색칠된 두 대각선의 칸에도 1~9까지의 숫자가 중복없이 채워져야 합니다.

Date :　　.　　. 　　Time :

9	8			6			3	7
2								8
7				1		4	5	2
	2		5					
6			3					
3	9		1	4		2	7	5
8				3			2	
	3				1			
5		6	4	8				1

정답 180p

SPECIAL SUDOKU

★ X 스도쿠 : 색칠된 두 대각선의 칸에도 1~9까지의 숫자가 중복없이 채워져야 합니다.

Date :   .   .   Time :

4					8			
				4			5	
7	5		3		9	4		8
			7	2		8		
		5	4	3	6	9		7
		6				1		
5	3		9					2
1	2			7		5		4
		9					7	

★ X 스도쿠 : 색칠된 두 대각선의 칸에도 1~9까지의 숫자가 중복없이 채워져야 합니다.

Date :   .   .   Time :

		6			2			4
	3		8		6		1	7
1	9	5		4	3			
			4	2		3		
			1		8			
				6			2	
	4							9
	8	1	2				6	
2	6		5	3		8	7	

정답 180p

SPECIAL SUDOKU

★ X 스도쿠 : 색칠된 두 대각선의 칸에도 1~9까지의 숫자가 중복없이 채워져야 합니다.

Date : . . Time :

정답 180p

Date :   .   .   Time :

		2	8		6	9		
			2					7
	3		5					8
8				1				
	9							
		6	4	8			2	
4	7			2				6
2					8		1	
			1	9			5	

정답 180p

Date :   .   .   Time :

			6				4	7
		5			9			
7			8					5
		2			1	3		
9					3	8	1	
8			9		6		5	
		4			5	7		
6		1		9				
	2							

정답 180p

Date :　.　.　　Time :

	9	5	2					
			4				3	
	4		9			6		
					1		7	
			3	4				
8						1		6
				3		2		4
					9		1	
3		1		8	4		6	5

정답 181p

Date :　　.　　.　　Time :

	9		2		6	8		
2		5			7			
						2	9	5
					9	3		
	6		5		3		7	
7		1						
		4						1
9		8			5	7		
			8	1				

Date : . .   Time :

4			7		3	2		
				5				9
5	3							
		7	2					4
1		6			7			
	2			5			8	
8			3				9	2
			4		2			
6	1			8			4	

Date : . . Time :

8				1				9
	7	1						
	3							
				4				8
1	8				3		5	
		4	5			3		6
				6	4		9	3
				3	7			
7	9		8					4

정답 181p

Date : . .   Time :

								2
	6				9			
8		9	2		1	3		4
				3		1		
	4		5				3	
2	1					8		
1			6	2				
			9					1
9	5					7		8

정답 181p

Date :　　　.　　.　　　　Time :

					9		1	
	8							
	4			2				9
7			8	4			6	
	2					5		
4		5	2	3				
		6		8				7
		8	3				5	
	1			5			9	2

정답 181p

Date : . .   Time :

			6				4	8
	7				8			5
	5				7	1		
2				1		6		
			8			3		9
		7		9				2
	3					4	2	
	8	3	6					7
		5						

정답 182p

Date :   .   .   Time :

	8	2		7	4			
	4						2	8
			1					9
1		6			5			3
	2		7		9			
		9					4	
	6				8			1
3								7
			2	1		6		

정답 182p

Date : . . Time :

8					1	9		3
2						5		
		6	9	4			1	
		7		3		2	6	
	9							
5				7	2		8	
			7		3			
6							1	
	5		1				4	2

Date :　　　.　　.　　　　Time :

					9	4		6
	4	7	3				2	
	6							
1		3			7			2
	8	6		2				
			8		5		6	
	2					8		
7					2			
			1		6		3	9

정답 182p

		8		9				
5						7	8	
2			4	1				6
	4		9			5		
		5	6				7	
	1			7		3		8
1		9		5			4	3
			1	2				

Date :　　.　　.　　Time :

			7					9
	7				5			
9		6						3
1	6		2	5		3		
		3						
				6		8		1
5	9					1		
	2						4	
3			9	8	2	6		

정답 182p

Date : . .   Time :

2		5			8		9	
							2	
		9	3	1			8	
		1		3				
	3		7		4			
		2				7		
			9		5	8		
		8	4					9
	4						6	2

정답 183p

Date :　.　.　　　Time :

	4						1	9
		3			1		8	
9			4					
	2	5			7		6	
	6			8	3	7		
						2		1
	3					6		
5		2	3				4	
		4		7		8		

정답 183p

Date :　　　.　　.　　　　Time :

	3			9	6		4	2
							3	
		4	7				9	
2			1		9			
	4			5				
6			2			3		1
	6					8		4
	1			2	8	7		
9				4				

정답 183p

Date :   .   .   Time :

9	3		7		2			1
		8					4	
1			6		8			
							5	
6	1		4	3				2
	8				5	4		
7		2	8	5			6	
		3				7		5

정답 183p

Date :　　.　　. Time :

					7			5
		5				4		3
			4				1	
	4		5		9			
		3						
		2				7		6
		7		3		6		
1	2		9					4
	5		6	1			9	

정답 183p

Date : . .   Time :

	1							
		8	1				9	7
	5				7			
6						4	3	
		3	2			7		
		7		9	6			
	6			5				
1						5	8	
			6			9	1	3

정답 183p

Date :　　.　.　　Time :

		8		7				
	6			4		1	2	
1								
						7		
2		3		6			9	
9			1					
				8	4	6		
	8	2		5			7	
	5				2		4	9

Date : . . Time :

Date :   .   .   Time :

1		8						5
	5		1	7				2
				8		4		
			5			2		
9		5		1				7
	2			9				3
		4	6					
		1			9		3	8
	9			2		7		

정답 184p

Date :　　　.　　.　　　　Time :

			8	3				
4		2			7		1	
	6						5	7
	8		1	5		4	6	
	1							
	3		7		9			5
		8		6		7		2
							6	
	9		2					

정답 184p

Date :　　　.　　.　　　　　Time :

9	2				8			
	5	6		3				7
				9			1	4
8					3			
					1		4	
			7	8	2	3		
6							2	
					7	6		
3	8			5				

정답 184p

특급
126

Date :   .   .   Time :

Date :   .   .   Time :

		9					2	
		7	5			2	3	
	3				9			
	8		4				1	
	6			5		7		
4			1	9				8
			3			1		
				4		9	8	3
				7			4	

정답 185p

특급

128

Date :　　.　　.　　　　Time :

4	8			7				
	1	6				9	4	
				6			2	
2	7	1	5					
				9			6	
				4		7		1
			8				7	
		5		1		6		3
7	3			5				

Date : . . Time :

			1			4		
	6	1		7				9
4				2				
			6		7		9	
5						7		8
9			2		8		3	
	3						5	
8					6			
	5	4	9				1	6

정답 185p

Date : . . Time :

7		9	8			3	5	
3				4		6	7	
			5					
							8	4
			1		4		3	
			7	5			9	
	1				8			
		6						
8	5	2	4					

정답 185p

SPECIAL SUDOKU

★ **홀짝 스도쿠** : ◯가 표시된 칸에는 홀수, △가 표시된 칸에는 짝수만 채워져야 합니다.

Date :　　.　.　　　　Time :

정답 185p

SPECIAL SUDOKU

★ **홀짝 스도쿠** : ◯가 표시된 칸에는 홀수, △가 표시된 칸에는 짝수만 채워져야 합니다.

Date :　　.　.　　　　Time :

	5	△				8		
	7	1						
	8		2			◯	5	4
1	9							
	◯			△		7		3
		6	3				1	
5	9				2		8	
	6	△	5		4			
	2			1			7	9

SPECIAL SUDOKU

★ **홀짝 스도쿠** : ◯가 표시된 칸에는 홀수, △가 표시된 칸에는 짝수만 채워져야 합니다.

Date :   .   .   Time :

		6			◯	9		
7		2		5		△	1	
◯								3
				2	5	8		
4	2		1			3		6
	5			6			7	
			△					
◯		8	6	7		1		
	9	1			4		6	

정답 186p

134

SPECIAL SUDOKU

★ 홀짝 스도쿠 : ◯가 표시된 칸에는 홀수, △가 표시된 칸에는 짝수만 채워져야 합니다.

Date :　　.　.　　Time :

6	4		5	2		1	9	
		△			7			
	8					5		△
2			6			△		
	5			1				3
4		◯	8		9			
8	9	7				3	4	
	1			9			2	△
			7		5			

정답 186p

★ **홀짝 스도쿠** : ◯가 표시된 칸에는 홀수, △가 표시된 칸에는 짝수만 채워져야 합니다.

Date :　　.　.　　Time :

6		5	4		8			3
	4			2	8			
		◯	6				7	
	2		1	6				
	3			5			1	6
4		△	7				5	
			9		2			
		◯			△			7
8		2	3		1			

SPECIAL SUDOKU

★ **홀짝 스도쿠** : ◯가 표시된 칸에는 홀수, △가 표시된 칸에는 짝수만 채워져야 합니다.

Date :　　.　.　　Time :

3						6	4	
		5	△	4				
		1	9		8	3		
7				2			8	4
	1	2			6		9	
				◯				5
	5			9			3	8
				◯			△	
8			5		2	9		1

SPECIAL SUDOKU

★ **홀짝 스도쿠** : ◯가 표시된 칸에는 홀수, △가 표시된 칸에는 짝수만 채워져야 합니다.

Date : . . Time :

SPECIAL SUDOKU

★ **홀짝 스도쿠** : ○가 표시된 칸에는 홀수, △가 표시된 칸에는 짝수만 채워져야 합니다.

Date :　　　.　　.　　　　Time :

정답 186p

SPECIAL SUDOKU

★ **홀짝 스도쿠** : ◯가 표시된 칸에는 홀수, △가 표시된 칸에는 짝수만 채워져야 합니다.

Date :　　　.　　.　　　　Time :

6				5		9		
		5		3				
4						7		2
9			△	4		◯		6
◯		3			8			1
2					6			
	9							3
3		2	8	6		△		
		8	9				2	

정답 187p

★ **홀짝 스도쿠** : ◯가 표시된 칸에는 홀수, △가 표시된 칸에는 짝수만 채워져야 합니다.

Date : . .　　Time :

★ X 스도쿠 : 색칠된 두 대각선의 칸에도 1~9까지의 숫자가 중복없이 채워져야 합니다.

Date :　　　.　　.　　　　Time :

	7	1			2	5	4	
	5		7		6			
			1				7	
1			6		5			
7	3					6		2
			9		3		1	
				9			5	3
			8			1		
8		9						

정답 187p

SPECIAL SUDOKU

★ X 스도쿠 : 색칠된 두 대각선의 칸에도 1~9까지의 숫자가 중복없이 채워져야 합니다.

Date :　　　.　.　　　　Time :

SPECIAL SUDOKU

★ X 스도쿠 : 색칠된 두 대각선의 칸에도 1~9까지의 숫자가 중복없이 채워져야 합니다.

Date :   .   .   Time :

정답 187p

★ X 스도쿠 : 색칠된 두 대각선의 칸에도 1~9까지의 숫자가 중복없이 채워져야 합니다.

Date :   .   .   Time :

2		5				8		
				1			9	5
			2					6
		2			5			
			3	7				
3	7					9		1
	9				8			
7		4			1			
8			6		2		1	4

SPECIAL SUDOKU

★ X 스도쿠 : 색칠된 두 대각선의 칸에도 1~9까지의 숫자가 중복없이 채워져야 합니다.

Date : . .   Time :

정답 188p

SPECIAL SUDOKU

★ X 스도쿠 : 색칠된 두 대각선의 칸에도 1~9까지의 숫자가 중복없이 채워져야 합니다.

Date :　　　.　.　　　Time :

	7	1	8					9
					3		4	
4		9					6	
			4	6				
	5				2			
				5				1
3					6	8		
		5	1	8			3	
7		4						5

SPECIAL SUDOKU

★ X 스도쿠 : 색칠된 두 대각선의 칸에도 1~9까지의 숫자가 중복없이 채워져야 합니다.

Date :   .   .   Time :

정답 188p

SPECIAL SUDOKU

★ X 스도쿠 : 색칠된 두 대각선의 칸에도 1~9까지의 숫자가 중복없이 채워져야 합니다.

Date :　　　.　　.　　　Time :

	8	3	7			5		
						1	7	
				8	9			6
		1			4		2	5
	6	4		3	1			
	9							
					3	7		
5	3				8		9	4

정답 188p

SPECIAL SUDOKU

★ X 스도쿠 : 색칠된 두 대각선의 칸에도 1~9까지의 숫자가 중복없이 채워져야 합니다.

Date :　　.　　.　　　　Time :

SPECIAL SUDOKU

★ X 스도쿠 : 색칠된 두 대각선의 칸에도 1~9까지의 숫자가 중복없이 채워져야 합니다.

Date :　　　.　　.　　　　Time :

			2				7	3
		3				1		
9							8	
5		2				9		
				1		7		
		8			3			
	2		1		4			6
		6		5				
8		7		6		4	1	

정답 188p

SPECIAL SUDOKU

★ X 스도쿠 : 색칠된 두 대각선의 칸에도 1~9까지의 숫자가 중복없이 채워져야 합니다.

Date :   .   .   Time :

정답 189p

★ X 스도쿠 : 색칠된 두 대각선의 칸에도 1~9까지의 숫자가 중복없이 채워져야 합니다.

Date :   .   .   Time :

2		9	3	7				6
	7	5	6			3		9
		3					8	
5						2		
	8			5				
		1		4	7	6		2
							9	4
	6				2		3	1

SPECIAL SUDOKU

★ X 스도쿠 : 색칠된 두 대각선의 칸에도 1~9까지의 숫자가 중복없이 채워져야 합니다.

Date :　　.　　.　　Time :

정답 189p

001

1	4	3	6	8	7	9	2	5
2	6	5	4	3	9	8	7	1
9	7	8	5	2	1	6	3	4
5	2	6	3	7	4	1	8	9
3	9	4	8	1	6	7	5	2
7	8	1	2	9	5	4	6	3
8	1	2	7	4	3	5	9	6
4	5	7	9	6	2	3	1	8
6	3	9	1	5	8	2	4	7

002

7	6	9	3	4	2	1	5	8
4	3	1	9	5	8	7	6	2
8	5	2	7	1	6	4	9	3
1	8	4	6	2	3	9	7	5
5	7	6	8	9	1	2	3	4
9	2	3	4	7	5	8	1	6
2	1	8	5	3	7	6	4	9
6	4	5	1	8	9	3	2	7
3	9	7	2	6	4	5	8	1

003

1	6	7	8	2	5	4	3	9
4	3	8	1	7	9	5	2	6
5	9	2	3	6	4	7	8	1
2	1	6	9	8	7	3	5	4
7	4	9	5	3	6	2	1	8
3	8	5	2	4	1	6	9	7
8	2	4	6	9	3	1	7	5
9	7	1	4	5	2	8	6	3
6	5	3	7	1	8	9	4	2

004

1	6	2	4	9	3	8	7	5
7	5	9	8	2	1	6	3	4
3	4	8	6	7	5	1	9	2
2	3	7	1	5	8	4	6	9
6	1	5	7	4	9	2	8	3
9	8	4	3	6	2	5	1	7
4	7	1	2	3	6	9	5	8
5	2	6	9	8	7	3	4	1
8	9	3	5	1	4	7	2	6

005

4	7	1	6	2	8	3	5	9
5	3	2	9	1	7	6	4	8
6	8	9	4	3	5	7	1	2
2	6	3	8	9	1	4	7	5
9	4	7	3	5	2	1	8	6
8	1	5	7	6	4	2	9	3
1	5	8	2	7	3	9	6	4
3	9	4	1	8	6	5	2	7
7	2	6	5	4	9	8	3	1

006

5	7	4	6	1	2	9	3	8
8	1	9	7	3	4	6	5	2
3	6	2	9	5	8	1	7	4
7	2	1	3	6	9	8	4	5
6	3	5	8	4	1	7	2	9
4	9	8	5	2	7	3	1	6
9	5	3	4	7	6	2	8	1
1	4	6	2	8	3	5	9	7
2	8	7	1	9	5	4	6	3

007

```
4 1 3 2 8 7 5 6 9
5 8 2 9 1 6 3 7 4
7 9 6 4 5 3 2 1 8
9 6 7 5 4 8 1 2 3
1 2 8 6 3 9 4 5 7
3 4 5 1 7 2 9 8 6
6 3 1 7 9 5 8 4 2
2 5 9 8 6 4 7 3 1
8 7 4 3 2 1 6 9 5
```

008

```
4 5 7 2 8 1 9 3 6
8 1 3 4 6 9 7 2 5
6 2 9 3 7 5 1 8 4
5 4 2 1 3 8 6 9 7
3 7 8 5 9 6 4 1 2
1 9 6 7 2 4 3 5 8
2 3 5 6 1 7 8 4 9
9 6 4 8 5 3 2 7 1
7 8 1 9 4 2 5 6 3
```

009

```
8 1 6 2 5 9 4 3 7
4 2 7 6 1 3 8 9 5
5 3 9 8 4 7 2 1 6
6 8 1 7 2 4 3 5 9
7 4 3 5 9 1 6 2 8
9 5 2 3 6 8 1 7 4
2 6 8 9 3 5 7 4 1
3 9 4 1 7 6 5 8 2
1 7 5 4 8 2 9 6 3
```

010

```
9 6 2 7 5 3 1 4 8
4 8 3 6 1 9 2 5 7
5 1 7 8 4 2 9 3 6
7 2 8 5 3 4 6 9 1
3 4 1 9 6 7 8 2 5
6 5 9 1 2 8 4 7 3
8 3 6 2 9 5 7 1 4
1 9 5 4 7 6 3 8 2
2 7 4 3 8 1 5 6 9
```

011

```
7 2 9 6 8 1 4 5 3
5 4 8 7 2 3 1 9 6
1 6 3 4 5 9 2 8 7
6 1 2 9 7 8 5 3 4
9 7 4 1 3 5 8 6 2
8 3 5 2 4 6 7 1 9
4 8 6 3 1 2 9 7 5
2 9 1 5 6 7 3 4 8
3 5 7 8 9 4 6 2 1
```

012

```
5 7 9 8 1 4 3 6 2
8 4 1 6 3 2 9 5 7
2 6 3 9 7 5 4 8 1
3 2 6 5 8 1 7 4 9
7 8 4 2 6 9 5 1 3
9 1 5 3 4 7 6 2 8
1 3 7 4 2 6 8 9 5
4 5 8 1 9 3 2 7 6
6 9 2 7 5 8 1 3 4
```

013

5	1	2	3	6	4	8	9	7
6	8	9	1	5	7	2	3	4
4	7	3	2	9	8	5	1	6
8	5	4	9	2	1	7	6	3
7	2	6	5	4	3	1	8	9
9	3	1	8	7	6	4	2	5
1	9	8	7	3	5	6	4	2
3	6	5	4	1	2	9	7	8
2	4	7	6	8	9	3	5	1

014

1	8	7	4	5	6	2	3	9
4	3	2	8	7	9	1	5	6
5	9	6	1	2	3	8	4	7
8	6	4	5	1	2	9	7	3
2	1	3	6	9	7	4	8	5
7	5	9	3	8	4	6	1	2
9	2	1	7	3	8	5	6	4
3	4	8	2	6	5	7	9	1
6	7	5	9	4	1	3	2	8

015

3	1	9	2	6	7	5	8	4
5	8	7	3	9	4	6	2	1
4	2	6	1	5	8	9	7	3
2	7	8	5	1	9	4	3	6
9	5	4	8	3	6	2	1	7
1	6	3	4	7	2	8	5	9
6	3	5	9	2	1	7	4	8
8	9	2	7	4	3	1	6	5
7	4	1	6	8	5	3	9	2

016

8	4	6	7	3	1	2	5	9
7	5	1	2	9	6	4	3	8
3	2	9	5	4	8	6	1	7
6	7	3	9	1	2	8	4	5
5	8	4	6	7	3	1	9	2
1	9	2	8	5	4	3	7	6
9	3	8	4	2	5	7	6	1
2	1	5	3	6	7	9	8	4
4	6	7	1	8	9	5	2	3

017

3	4	8	7	6	9	2	1	5
1	2	9	4	5	3	7	6	8
7	5	6	8	1	2	3	9	4
2	3	7	5	9	6	4	8	1
9	1	4	3	2	8	5	7	6
6	8	5	1	4	7	9	3	2
5	6	2	9	7	1	8	4	3
4	9	3	6	8	5	1	2	7
8	7	1	2	3	4	6	5	9

018

2	6	8	4	5	1	9	7	3
5	4	7	2	9	3	1	6	8
3	1	9	6	8	7	2	4	5
1	5	4	3	7	8	6	2	9
6	7	2	9	4	5	8	3	1
8	9	3	1	2	6	4	5	7
7	2	1	5	6	9	3	8	4
4	3	5	8	1	2	7	9	6
9	8	6	7	3	4	5	1	2

019

7	8	4	6	3	1	9	2	5
9	5	6	8	2	7	4	3	1
2	1	3	4	5	9	6	7	8
8	9	1	7	6	2	5	4	3
6	3	7	5	8	4	2	1	9
5	4	2	1	9	3	8	6	7
1	2	8	9	7	6	3	5	4
3	7	9	2	4	5	1	8	6
4	6	5	3	1	8	7	9	2

020

3	2	4	6	7	9	8	5	1
7	9	5	8	1	4	6	2	3
8	6	1	3	5	2	7	9	4
4	3	6	5	2	1	9	8	7
1	5	9	4	8	7	2	3	6
2	7	8	9	6	3	4	1	5
9	4	2	7	3	5	1	6	8
5	8	7	1	9	6	3	4	2
6	1	3	2	4	8	5	7	9

021

3	9	7	4	5	8	6	1	2
1	6	5	7	9	2	4	8	3
4	8	2	3	6	1	9	7	5
9	5	3	8	2	4	7	6	1
8	4	1	6	7	5	3	2	9
7	2	6	1	3	9	5	4	8
6	7	8	9	1	3	2	5	4
2	1	9	5	4	6	8	3	7
5	3	4	2	8	7	1	9	6

022

7	1	8	3	2	4	5	6	9
4	9	2	8	6	5	3	7	1
5	3	6	1	7	9	4	8	2
9	6	5	2	8	3	7	1	4
2	7	4	9	5	1	8	3	6
1	8	3	6	4	7	9	2	5
6	2	7	5	9	8	1	4	3
3	4	9	7	1	6	2	5	8
8	5	1	4	3	2	6	9	7

023

3	2	7	6	5	1	8	9	4
6	4	5	8	7	9	1	3	2
8	9	1	2	4	3	7	5	6
1	5	6	9	3	4	2	7	8
7	8	9	1	6	2	5	4	3
4	3	2	5	8	7	6	1	9
2	7	3	4	1	6	9	8	5
5	6	4	7	9	8	3	2	1
9	1	8	3	2	5	4	6	7

024

5	7	3	9	2	8	4	6	1
9	2	6	1	5	4	3	8	7
4	1	8	6	7	3	2	9	5
6	9	7	5	4	1	8	3	2
3	8	4	2	6	7	5	1	9
1	5	2	3	8	9	7	4	6
8	6	1	7	3	2	9	5	4
7	3	9	4	1	5	6	2	8
2	4	5	8	9	6	1	7	3

025

1	3	4	2	7	8	5	9	6
2	7	6	4	9	5	1	3	8
5	9	8	3	6	1	2	4	7
9	6	2	1	8	3	4	7	5
7	5	3	6	2	4	9	8	1
4	8	1	9	5	7	6	2	3
3	2	5	8	1	9	7	6	4
8	1	9	7	4	6	3	5	2
6	4	7	5	3	2	8	1	9

026

6	4	8	7	2	9	1	5	3
1	7	2	5	6	3	8	9	4
9	3	5	1	8	4	6	7	2
8	9	1	4	3	7	2	6	5
2	5	7	8	1	6	4	3	9
4	6	3	9	5	2	7	1	8
5	2	4	6	9	1	3	8	7
3	1	9	2	7	8	5	4	6
7	8	6	3	4	5	9	2	1

027

1	9	3	5	8	4	2	6	7
2	6	8	3	7	9	1	4	5
4	5	7	2	6	1	9	8	3
6	3	1	7	4	2	5	9	8
8	2	9	6	1	5	3	7	4
5	7	4	8	9	3	6	1	2
3	4	6	9	2	8	7	5	1
7	1	5	4	3	6	8	2	9
9	8	2	1	5	7	4	3	6

028

7	1	8	6	2	9	4	3	5
9	6	3	8	4	5	2	1	7
5	4	2	1	7	3	6	8	9
2	3	1	5	9	4	7	6	8
6	7	5	2	3	8	1	9	4
8	9	4	7	1	6	5	2	3
3	8	7	4	6	1	9	5	2
4	5	6	9	8	2	3	7	1
1	2	9	3	5	7	8	4	6

029

6	4	5	9	1	2	3	7	8
3	8	2	7	6	5	1	9	4
7	1	9	3	4	8	2	6	5
4	7	6	8	9	1	5	3	2
9	3	1	5	2	4	6	8	7
5	2	8	6	3	7	4	1	9
2	9	3	4	8	6	7	5	1
1	6	7	2	5	9	8	4	3
8	5	4	1	7	3	9	2	6

030

1	6	7	5	3	4	2	8	9
9	5	3	1	2	8	6	4	7
8	4	2	7	9	6	5	3	1
7	1	8	3	6	5	4	9	2
4	3	6	2	1	9	8	7	5
2	9	5	4	8	7	3	1	6
5	7	9	6	4	3	1	2	8
3	8	1	9	5	2	7	6	4
6	2	4	8	7	1	9	5	3

031

9	1	8	7	4	3	6	2	5
7	5	6	9	2	1	8	3	4
2	3	4	6	5	8	9	1	7
8	4	3	1	6	7	5	9	2
5	2	9	3	8	4	7	6	1
1	6	7	2	9	5	3	4	8
3	7	2	8	1	6	4	5	9
6	9	5	4	7	2	1	8	3
4	8	1	5	3	9	2	7	6

032

5	6	4	7	1	2	8	3	9
3	9	1	5	8	4	7	6	2
8	2	7	6	9	3	4	5	1
1	7	5	8	6	9	3	2	4
9	4	6	3	2	5	1	8	7
2	8	3	1	4	7	6	9	5
7	3	2	4	5	6	9	1	8
6	1	9	2	7	8	5	4	3
4	5	8	9	3	1	2	7	6

033

4	7	8	9	3	5	1	6	2
1	6	2	4	8	7	9	3	5
3	5	9	6	1	2	4	7	8
6	4	3	1	7	8	2	5	9
7	9	1	5	2	4	3	8	6
8	2	5	3	9	6	7	1	4
5	1	7	8	4	9	6	2	3
9	3	6	2	5	1	8	4	7
2	8	4	7	6	3	5	9	1

034

8	5	7	2	9	6	3	4	1
1	9	4	5	3	7	8	2	6
2	6	3	1	4	8	9	7	5
5	1	2	9	7	4	6	8	3
3	7	6	8	5	2	1	9	4
9	4	8	6	1	3	7	5	2
4	8	1	7	6	5	2	3	9
7	3	9	4	2	1	5	6	8
6	2	5	3	8	9	4	1	7

035

6	9	5	1	8	2	3	4	7
8	4	3	7	6	5	2	1	9
7	1	2	9	3	4	6	5	8
9	8	6	2	4	1	5	7	3
3	2	1	8	5	7	9	6	4
4	5	7	6	9	3	1	8	2
1	3	9	4	7	6	8	2	5
2	7	8	5	1	9	4	3	6
5	6	4	3	2	8	7	9	1

036

1	5	3	8	9	7	6	2	4
4	2	7	6	5	1	8	9	3
9	6	8	2	3	4	1	7	5
7	1	5	4	6	2	3	8	9
6	4	9	7	8	3	2	5	1
8	3	2	9	1	5	7	4	6
3	8	4	1	2	9	5	6	7
5	7	6	3	4	8	9	1	2
2	9	1	5	7	6	4	3	8

037

1	2	8	7	3	9	6	4	5
9	5	4	6	1	2	7	3	8
3	7	6	4	5	8	2	1	9
2	9	1	3	7	6	5	8	4
4	6	5	9	8	1	3	7	2
7	8	3	5	2	4	1	9	6
5	1	9	8	6	7	4	2	3
6	4	2	1	9	3	8	5	7
8	3	7	2	4	5	9	6	1

038

6	9	8	7	2	4	5	1	3
2	3	4	8	1	5	6	9	7
1	7	5	3	6	9	8	2	4
8	2	7	9	4	3	1	6	5
5	1	3	2	7	6	4	8	9
9	4	6	1	5	8	7	3	2
7	6	9	4	8	2	3	5	1
4	8	2	5	3	1	9	7	6
3	5	1	6	9	7	2	4	8

039

6	1	8	3	4	2	7	5	9
5	3	4	7	1	9	8	2	6
2	9	7	8	6	5	3	4	1
3	7	5	9	2	1	4	6	8
9	2	6	4	3	8	5	1	7
8	4	1	6	5	7	2	9	3
4	6	9	5	7	3	1	8	2
7	8	2	1	9	4	6	3	5
1	5	3	2	8	6	9	7	4

040

1	2	6	8	9	3	4	5	7
9	3	8	5	7	4	1	2	6
4	5	7	2	6	1	3	8	9
8	1	5	6	4	9	7	3	2
6	7	4	3	8	2	9	1	5
2	9	3	1	5	7	8	6	4
7	6	2	9	3	8	5	4	1
3	4	1	7	2	5	6	9	8
5	8	9	4	1	6	2	7	3

041

4	2	6	1	3	5	8	9	7
8	1	7	4	2	9	3	6	5
5	3	9	8	7	6	1	4	2
3	5	4	2	1	7	6	8	9
6	8	1	9	5	4	2	7	3
7	9	2	6	8	3	4	5	1
9	4	3	5	6	1	7	2	8
1	6	8	7	9	2	5	3	4
2	7	5	3	4	8	9	1	6

042

6	9	1	3	2	7	5	4	8
2	4	3	1	5	8	6	7	9
5	8	7	4	6	9	2	1	3
3	7	4	6	8	5	1	9	2
9	1	6	2	4	3	7	8	5
8	5	2	7	9	1	4	3	6
7	6	8	9	1	2	3	5	4
4	3	9	5	7	6	8	2	1
1	2	5	8	3	4	9	6	7

043

9	2	3	6	7	8	1	4	5
6	7	4	1	2	5	3	9	8
1	5	8	3	9	4	6	2	7
4	8	7	2	6	1	9	5	3
2	9	1	7	5	3	4	8	6
3	6	5	4	8	9	2	7	1
7	4	9	5	1	6	8	3	2
8	1	2	9	3	7	5	6	4
5	3	6	8	4	2	7	1	9

044

3	1	8	7	2	9	6	4	5
2	7	9	6	4	5	1	3	8
4	6	5	3	1	8	9	2	7
9	8	7	5	3	1	2	6	4
1	2	4	8	9	6	7	5	3
5	3	6	4	7	2	8	1	9
7	4	2	9	6	3	5	8	1
8	9	1	2	5	4	3	7	6
6	5	3	1	8	7	4	9	2

045

8	5	7	1	9	4	6	2	3
1	4	2	6	7	3	5	8	9
6	3	9	5	2	8	7	4	1
4	7	5	2	1	9	3	6	8
2	6	8	7	3	5	9	1	4
9	1	3	4	8	6	2	5	7
5	8	4	3	6	7	1	9	2
7	2	6	9	4	1	8	3	5
3	9	1	8	5	2	4	7	6

046

4	6	9	5	2	7	8	1	3
1	2	7	8	4	3	9	5	6
8	5	3	1	6	9	4	2	7
9	1	2	7	3	8	6	4	5
3	4	6	2	5	1	7	8	9
5	7	8	4	9	6	1	3	2
2	8	1	6	7	5	3	9	4
7	3	5	9	1	4	2	6	8
6	9	4	3	8	2	5	7	1

047

2	6	5	3	8	9	4	7	1
8	1	9	2	4	7	3	5	6
3	7	4	1	6	5	2	8	9
4	9	8	5	3	1	7	6	2
1	5	6	4	7	2	9	3	8
7	3	2	6	9	8	1	4	5
9	8	1	7	5	3	6	2	4
6	2	3	8	1	4	5	9	7
5	4	7	9	2	6	8	1	3

048

2	4	5	3	9	1	6	8	7
3	7	9	2	6	8	4	1	5
1	8	6	5	7	4	9	2	3
6	9	3	8	4	7	2	5	1
5	2	7	6	1	3	8	4	9
8	1	4	9	2	5	7	3	6
7	3	8	4	5	6	1	9	2
4	6	2	1	3	9	5	7	8
9	5	1	7	8	2	3	6	4

049

4	5	3	6	9	8	1	2	7
8	9	6	7	1	2	5	4	3
1	2	7	4	3	5	9	6	8
5	7	4	3	6	9	8	1	2
2	3	1	5	8	4	6	7	9
9	6	8	1	2	7	3	5	4
6	1	9	2	4	3	7	8	5
3	4	5	8	7	1	2	9	6
7	8	2	9	5	6	4	3	1

050

4	9	5	6	3	8	1	7	2
3	1	8	2	5	7	4	6	9
7	2	6	9	4	1	5	3	8
2	8	1	5	9	6	3	4	7
5	6	4	7	2	3	9	8	1
9	3	7	1	8	4	2	5	6
1	4	9	8	6	5	7	2	3
6	5	2	3	7	9	8	1	4
8	7	3	4	1	2	6	9	5

051

5	4	6	1	2	7	8	9	3
7	2	8	5	9	3	6	1	4
1	3	9	4	8	6	2	7	5
8	7	5	9	3	4	1	2	6
4	1	2	7	6	8	5	3	9
9	6	3	2	5	1	4	8	7
6	8	1	3	7	5	9	4	2
2	5	7	8	4	9	3	6	1
3	9	4	6	1	2	7	5	8

052

9	4	8	6	1	2	7	5	3
7	1	6	3	4	5	2	8	9
2	3	5	7	9	8	1	6	4
5	7	3	4	8	1	6	9	2
1	6	9	5	2	3	4	7	8
4	8	2	9	7	6	3	1	5
6	2	4	1	5	9	8	3	7
3	5	7	8	6	4	9	2	1
8	9	1	2	3	7	5	4	6

053

8	3	2	4	6	5	1	9	7
9	6	4	1	2	7	8	3	5
5	1	7	8	9	3	4	2	6
2	5	1	6	8	4	3	7	9
6	9	3	5	7	1	2	8	4
7	4	8	2	3	9	5	6	1
3	8	5	9	1	6	7	4	2
4	7	6	3	5	2	9	1	8
1	2	9	7	4	8	6	5	3

054

3	8	5	2	1	9	7	6	4
1	6	2	5	4	7	3	8	9
4	9	7	3	6	8	1	2	5
6	3	8	4	7	1	5	9	2
5	2	4	6	9	3	8	1	7
7	1	9	8	5	2	4	3	6
9	7	3	1	2	4	6	5	8
8	4	6	9	3	5	2	7	1
2	5	1	7	8	6	9	4	3

055

1	2	5	4	8	9	3	7	6
3	7	4	2	6	1	8	9	5
8	9	6	7	3	5	1	4	2
2	6	7	1	9	3	5	8	4
5	8	9	6	2	4	7	1	3
4	3	1	5	7	8	2	6	9
9	1	3	8	4	2	6	5	7
6	4	8	3	5	7	9	2	1
7	5	2	9	1	6	4	3	8

056

4	3	6	9	2	8	1	5	7
8	1	7	5	6	3	9	2	4
9	5	2	1	7	4	6	3	8
3	7	4	2	9	6	5	8	1
5	9	1	8	4	7	3	6	2
6	2	8	3	5	1	4	7	9
7	8	9	4	3	5	2	1	6
2	6	3	7	1	9	8	4	5
1	4	5	6	8	2	7	9	3

057

6	7	5	8	1	4	9	3	2
3	8	4	5	9	2	1	7	6
9	1	2	7	6	3	4	8	5
5	6	9	3	8	7	2	4	1
2	3	1	6	4	5	8	9	7
7	4	8	1	2	9	6	5	3
8	5	6	4	7	1	3	2	9
1	2	7	9	3	8	5	6	4
4	9	3	2	5	6	7	1	8

058

9	4	1	6	8	5	2	3	7
3	7	8	1	4	2	6	9	5
6	2	5	9	7	3	1	8	4
7	3	2	4	5	9	8	1	6
8	6	4	3	2	1	5	7	9
1	5	9	7	6	8	3	4	2
5	1	6	8	9	7	4	2	3
2	8	7	5	3	4	9	6	1
4	9	3	2	1	6	7	5	8

059

9	3	2	1	4	6	7	8	5
1	4	5	3	8	7	6	9	2
6	8	7	5	9	2	3	1	4
3	9	6	8	1	4	2	5	7
7	2	4	9	6	5	1	3	8
8	5	1	7	2	3	4	6	9
2	1	3	4	5	9	8	7	6
5	6	8	2	7	1	9	4	3
4	7	9	6	3	8	5	2	1

060

6	2	4	8	1	9	3	7	5
7	1	5	2	6	3	4	8	9
8	9	3	5	7	4	6	2	1
3	5	1	6	9	8	7	4	2
4	7	2	3	5	1	8	9	6
9	6	8	4	2	7	1	5	3
5	3	7	9	4	6	2	1	8
2	4	6	1	8	5	9	3	7
1	8	9	7	3	2	5	6	4

061

3	6	4	9	2	5	1	8	7
1	9	2	8	6	7	5	3	4
7	5	8	3	1	4	2	6	9
9	3	6	2	8	1	4	7	5
5	4	1	7	9	3	6	2	8
2	8	7	5	4	6	3	9	1
4	2	5	6	7	9	8	1	3
6	1	9	4	3	8	7	5	2
8	7	3	1	5	2	9	4	6

062

9	4	2	5	8	1	6	3	7
3	1	7	2	6	4	5	8	9
6	8	5	9	3	7	2	4	1
8	2	1	6	7	9	3	5	4
5	9	3	8	4	2	1	7	6
7	6	4	1	5	3	8	9	2
1	3	8	7	9	6	4	2	5
4	7	6	3	2	5	9	1	8
2	5	9	4	1	8	7	6	3

063

7	3	1	5	4	6	8	9	2
4	5	9	8	2	1	3	7	6
6	2	8	3	9	7	1	5	4
5	6	4	9	8	2	7	3	1
1	7	3	6	5	4	2	8	9
9	8	2	7	1	3	6	4	5
2	9	6	4	3	8	5	1	7
3	4	7	1	6	5	9	2	8
8	1	5	2	7	9	4	6	3

064

5	7	4	8	9	2	6	1	3
9	2	1	3	6	5	8	4	7
8	3	6	7	1	4	5	9	2
3	9	5	2	8	6	1	7	4
7	4	8	9	3	1	2	6	5
6	1	2	5	4	7	3	8	9
1	5	7	4	2	8	9	3	6
4	6	9	1	5	3	7	2	8
2	8	3	6	7	9	4	5	1

065

4	7	3	9	1	6	2	8	5
9	5	1	7	8	2	6	3	4
2	6	8	4	5	3	7	1	9
5	8	9	6	3	1	4	2	7
7	2	6	8	9	4	1	5	3
3	1	4	2	7	5	8	9	6
8	4	5	3	2	7	9	6	1
1	9	7	5	6	8	3	4	2
6	3	2	1	4	9	5	7	8

066

5	6	8	9	1	2	7	4	3
9	2	4	3	7	5	6	8	1
3	1	7	8	6	4	9	5	2
2	8	9	1	3	6	5	7	4
1	7	5	4	9	8	2	3	6
6	4	3	2	5	7	1	9	8
7	5	1	6	8	3	4	2	9
8	9	2	7	4	1	3	6	5
4	3	6	5	2	9	8	1	7

067

8	5	9	2	6	7	1	4	3
4	3	1	5	8	9	6	2	7
2	6	7	1	3	4	9	8	5
6	4	2	3	1	5	8	7	9
9	1	3	7	4	8	2	5	6
5	7	8	9	2	6	4	3	1
7	8	5	6	9	2	3	1	4
3	2	6	4	5	1	7	9	8
1	9	4	8	7	3	5	6	2

068

8	4	1	6	7	5	9	2	3
7	5	2	4	9	3	1	8	6
9	3	6	8	1	2	5	4	7
1	2	3	7	8	4	6	5	9
4	9	8	3	5	6	7	1	2
5	6	7	1	2	9	4	3	8
3	7	9	2	4	1	8	6	5
6	1	5	9	3	8	2	7	4
2	8	4	5	6	7	3	9	1

069

8	9	7	2	1	4	3	6	5
1	5	3	9	6	7	4	8	2
2	6	4	3	5	8	7	1	9
7	1	6	5	2	9	8	4	3
3	4	5	1	8	6	9	2	7
9	8	2	7	4	3	6	5	1
5	3	8	4	9	2	1	7	6
6	2	9	8	7	1	5	3	4
4	7	1	6	3	5	2	9	8

070

9	5	6	3	4	1	2	7	8
8	7	3	9	2	6	5	4	1
4	2	1	5	7	8	3	6	9
6	9	4	2	3	5	8	1	7
1	3	2	4	8	7	9	5	6
5	8	7	1	6	9	4	3	2
7	6	5	8	9	3	1	2	4
3	4	9	7	1	2	6	8	5
2	1	8	6	5	4	7	9	3

071

9	6	5	3	2	7	1	4	8
1	2	7	5	4	8	9	6	3
8	4	3	9	6	1	7	2	5
3	7	8	6	1	9	2	5	4
6	1	9	4	5	2	8	3	7
4	5	2	7	8	3	6	1	9
2	8	4	1	7	5	3	9	6
5	3	1	8	9	6	4	7	2
7	9	6	2	3	4	5	8	1

072

4	5	7	9	6	8	2	1	3
3	2	6	4	5	1	8	9	7
8	1	9	7	3	2	6	5	4
6	4	5	1	7	9	3	2	8
7	8	3	5	2	4	1	6	9
2	9	1	3	8	6	5	7	4
9	6	4	8	1	5	7	3	2
1	3	8	2	4	7	9	5	6
5	7	2	6	9	3	4	8	1

073

1	3	9	8	6	7	4	5	2
7	4	8	1	5	2	6	9	3
5	6	2	3	9	4	8	1	7
6	5	1	7	8	3	2	4	9
9	7	3	4	2	6	5	8	1
2	8	4	5	1	9	3	7	6
8	9	7	2	3	5	1	6	4
4	2	5	6	7	1	9	3	8
3	1	6	9	4	8	7	2	5

074

3	4	1	9	7	2	6	8	5
5	8	7	6	4	1	2	9	3
9	2	6	3	5	8	4	7	1
7	6	3	8	9	5	1	4	2
8	1	5	2	6	4	7	3	9
2	9	4	7	1	3	8	5	6
1	7	2	4	3	9	5	6	8
6	5	9	1	8	7	3	2	4
4	3	8	5	2	6	9	1	7

075

2	3	8	9	5	1	7	4	6
1	6	5	4	7	8	9	3	2
9	7	4	3	6	2	5	8	1
7	1	9	2	4	6	3	5	8
8	5	2	1	3	9	4	6	7
6	4	3	5	8	7	2	1	9
5	8	6	7	9	3	1	2	4
3	2	7	6	1	4	8	9	5
4	9	1	8	2	5	6	7	3

076

6	5	9	1	4	3	7	2	8
2	1	8	7	5	9	3	6	4
4	3	7	6	8	2	1	5	9
5	6	1	2	9	4	8	3	7
9	7	3	8	1	6	2	4	5
8	2	4	3	7	5	6	9	1
1	9	6	5	3	7	4	8	2
7	4	2	9	6	8	5	1	3
3	8	5	4	2	1	9	7	6

077

5	7	1	2	3	4	6	9	8
2	3	8	1	9	6	7	5	4
9	4	6	8	5	7	1	3	2
3	2	9	7	1	5	8	4	6
7	1	4	3	6	8	5	2	9
8	6	5	4	2	9	3	1	7
1	8	3	6	4	2	9	7	5
4	5	7	9	8	3	2	6	1
6	9	2	5	7	1	4	8	3

078

7	8	6	2	9	3	5	1	4
1	2	9	7	4	5	6	3	8
3	4	5	1	8	6	2	7	9
6	1	2	3	5	8	4	9	7
4	3	7	6	1	9	8	5	2
5	9	8	4	7	2	1	6	3
9	5	3	8	2	1	7	4	6
2	6	4	5	3	7	9	8	1
8	7	1	9	6	4	3	2	5

079

1	3	4	9	5	8	7	6	2
9	2	6	1	7	3	5	8	4
7	5	8	4	2	6	9	3	1
2	8	7	5	9	1	6	4	3
5	1	3	7	6	4	8	2	9
6	4	9	3	8	2	1	7	5
8	6	5	2	4	9	3	1	7
3	7	2	8	1	5	4	9	6
4	9	1	6	3	7	2	5	8

080

1	3	6	4	7	8	9	5	2
2	9	5	6	3	1	7	4	8
7	8	4	2	9	5	6	1	3
8	6	3	1	5	7	4	2	9
5	7	1	9	4	2	3	8	6
4	2	9	8	6	3	1	7	5
9	4	2	7	8	6	5	3	1
6	5	8	3	1	4	2	9	7
3	1	7	5	2	9	8	6	4

081

9	8	1	3	2	6	5	4	7
3	4	5	1	8	7	9	6	2
2	7	6	9	4	5	1	3	8
8	1	3	7	6	2	4	5	9
5	2	9	4	3	1	7	8	6
7	6	4	5	9	8	2	1	3
4	9	7	6	5	3	8	2	1
6	5	2	8	1	9	3	7	4
1	3	8	2	7	4	6	9	5

082

5	9	8	6	1	3	2	7	4
6	2	1	4	8	7	3	9	5
7	4	3	5	2	9	1	8	6
1	8	6	3	9	5	7	4	2
4	5	2	7	6	8	9	1	3
9	3	7	1	4	2	5	6	8
2	7	9	8	3	4	6	5	1
8	1	5	2	7	6	4	3	9
3	6	4	9	5	1	8	2	7

083

9	8	6	5	3	2	1	7	4
7	5	1	4	6	8	3	2	9
2	4	3	1	7	9	8	6	5
4	3	7	2	9	6	5	1	8
1	9	5	8	4	7	2	3	6
6	2	8	3	1	5	4	9	7
8	1	9	6	2	4	7	5	3
3	6	4	7	5	1	9	8	2
5	7	2	9	8	3	6	4	1

084

3	2	1	9	8	7	5	4	6
4	7	8	5	3	6	2	1	9
6	5	9	4	1	2	3	7	8
1	6	7	2	4	5	8	9	3
8	3	5	1	7	9	4	6	2
2	9	4	8	6	3	1	5	7
5	1	2	7	9	8	6	3	4
9	4	3	6	2	1	7	8	5
7	8	6	3	5	4	9	2	1

085

9	4	8	1	2	6	3	7	5
2	1	5	7	4	3	8	6	9
3	7	6	9	8	5	4	2	1
1	2	4	6	3	9	7	5	8
8	6	3	4	5	7	9	1	2
5	9	7	2	1	8	6	4	3
4	3	1	8	6	2	5	9	7
6	8	9	5	7	1	2	3	4
7	5	2	3	9	4	1	8	6

086

1	6	3	8	4	2	5	7	9
5	4	8	9	7	6	2	1	3
2	9	7	5	3	1	4	6	8
6	7	5	4	2	3	8	9	1
4	2	9	7	1	8	3	5	6
3	8	1	6	5	9	7	4	2
7	3	2	1	6	4	9	8	5
8	1	4	2	9	5	6	3	7
9	5	6	3	8	7	1	2	4

087

5	6	8	3	1	9	4	7	2
2	4	9	7	8	5	3	1	6
7	1	3	4	6	2	8	9	5
4	5	7	9	3	1	2	6	8
1	3	2	6	7	8	9	5	4
9	8	6	2	5	4	7	3	1
6	9	1	8	4	7	5	2	3
8	2	5	1	9	3	6	4	7
3	7	4	5	2	6	1	8	9

088

8	6	9	5	3	4	7	1	2
2	5	7	1	6	9	3	8	4
4	1	3	7	8	2	9	5	6
7	2	5	4	9	6	1	3	8
6	9	8	3	1	5	2	4	7
1	3	4	8	2	7	5	6	9
5	7	1	2	4	8	6	9	3
9	8	2	6	5	3	4	7	1
3	4	6	9	7	1	8	2	5

089

4	7	6	5	1	3	9	8	2
8	1	3	2	7	9	5	4	6
2	5	9	6	8	4	1	3	7
3	8	4	7	2	1	6	5	9
5	9	7	8	4	6	3	2	1
6	2	1	3	9	5	8	7	4
1	6	2	4	5	8	7	9	3
9	4	5	1	3	7	2	6	8
7	3	8	9	6	2	4	1	5

090

1	9	3	2	7	5	6	4	8
7	6	8	3	9	4	5	2	1
2	5	4	8	1	6	7	9	3
8	4	2	7	3	1	9	5	6
5	1	9	6	2	8	3	7	4
3	7	6	4	5	9	1	8	2
6	2	7	9	8	3	4	1	5
4	8	5	1	6	7	2	3	9
9	3	1	5	4	2	8	6	7

091

6	3	2	4	1	8	5	7	9
9	8	1	7	6	5	4	3	2
5	7	4	3	9	2	6	8	1
2	4	8	1	3	7	9	6	5
7	9	3	5	2	6	1	4	8
1	5	6	8	4	9	3	2	7
3	2	5	9	8	4	7	1	6
8	1	9	6	7	3	2	5	4
4	6	7	2	5	1	8	9	3

092

2	9	4	6	5	8	7	1	3
7	8	1	3	2	9	5	6	4
6	3	5	4	7	1	9	8	2
8	7	3	1	9	5	2	4	6
9	5	6	8	4	2	1	3	7
4	1	2	7	3	6	8	9	5
5	4	8	9	6	7	3	2	1
3	2	9	5	1	4	6	7	8
1	6	7	2	8	3	4	5	9

093

9	4	1	7	8	6	5	3	2
3	2	5	1	4	9	7	6	8
6	7	8	5	3	2	9	1	4
5	3	7	6	2	8	1	4	9
1	9	4	3	5	7	2	8	6
2	8	6	4	9	1	3	5	7
8	6	3	2	7	5	4	9	1
4	1	2	9	6	3	8	7	5
7	5	9	8	1	4	6	2	3

094

9	6	8	3	4	1	2	5	7
4	1	3	7	2	5	6	8	9
2	7	5	9	6	8	4	3	1
1	5	4	6	7	2	8	9	3
7	8	6	1	3	9	5	4	2
3	2	9	5	8	4	1	7	6
8	4	1	2	9	3	7	6	5
5	9	7	8	1	6	3	2	4
6	3	2	4	5	7	9	1	8

095

4	9	7	8	2	1	3	5	6
1	6	5	4	3	7	9	2	8
3	8	2	9	5	6	7	4	1
8	1	3	7	9	5	2	6	4
7	4	9	6	8	2	5	1	3
2	5	6	1	4	3	8	7	9
5	2	4	3	6	9	1	8	7
6	3	1	5	7	8	4	9	2
9	7	8	2	1	4	6	3	5

096

7	9	2	3	1	8	4	5	6
1	6	3	5	4	7	2	8	9
4	8	5	6	2	9	3	7	1
3	4	1	8	7	2	9	6	5
2	7	6	1	9	5	8	4	3
9	5	8	4	6	3	7	1	2
6	3	7	2	5	4	1	9	8
8	1	4	9	3	6	5	2	7
5	2	9	7	8	1	6	3	4

097

9	8	5	2	6	4	1	3	7
2	4	1	7	5	3	9	6	8
7	6	3	8	1	9	4	5	2
1	2	7	5	9	8	6	4	3
6	5	4	3	2	7	8	1	9
3	9	8	1	4	6	2	7	5
8	1	9	6	3	5	7	2	4
4	3	2	9	7	1	5	8	6
5	7	6	4	8	2	3	9	1

098

4	6	1	2	5	8	7	3	9
9	8	3	1	4	7	2	5	6
7	5	2	3	6	9	4	1	8
3	9	4	7	2	1	8	6	5
8	1	5	4	3	6	9	2	7
2	7	6	8	9	5	1	4	3
5	3	7	9	1	4	6	8	2
1	2	8	6	7	3	5	9	4
6	4	9	5	8	2	3	7	1

099

8	7	6	9	1	2	5	3	4
4	3	2	8	5	6	9	1	7
1	9	5	7	4	3	6	8	2
7	1	8	4	2	5	3	9	6
6	2	3	1	9	8	7	4	5
9	5	4	3	6	7	1	2	8
3	4	7	6	8	1	2	5	9
5	8	1	2	7	9	4	6	3
2	6	9	5	3	4	8	7	1

100

3	4	7	5	6	9	1	2	8
6	1	2	3	8	7	5	9	4
9	8	5	2	1	4	3	6	7
8	5	9	7	4	1	6	3	2
7	3	6	9	2	5	4	8	1
4	2	1	6	3	8	7	5	9
1	6	4	8	5	2	9	7	3
2	7	3	1	9	6	8	4	5
5	9	8	4	7	3	2	1	6

101

1	4	2	8	7	6	9	3	5
5	6	8	2	3	9	1	4	7
9	3	7	5	4	1	2	6	8
8	2	5	9	1	3	6	7	4
7	9	4	6	5	2	3	8	1
3	1	6	4	8	7	5	2	9
4	7	1	3	2	5	8	9	6
2	5	9	7	6	8	4	1	3
6	8	3	1	9	4	7	5	2

102

1	3	8	6	5	2	9	4	7
2	4	5	7	3	9	1	6	8
7	9	6	8	1	4	2	3	5
4	6	2	5	8	1	3	7	9
9	5	7	4	2	3	8	1	6
8	1	3	9	7	6	4	5	2
3	8	4	2	6	5	7	9	1
6	7	1	3	9	8	5	2	4
5	2	9	1	4	7	6	8	3

103

1	9	5	2	6	3	7	4	8
2	8	6	4	1	7	5	3	9
7	4	3	9	5	8	6	2	1
5	6	2	8	9	1	4	7	3
9	1	7	3	4	6	8	5	2
8	3	4	5	7	2	1	9	6
6	7	9	1	3	5	2	8	4
4	5	8	6	2	9	3	1	7
3	2	1	7	8	4	9	6	5

104

1	9	3	2	5	6	8	4	7
2	8	5	9	4	7	1	6	3
4	7	6	3	8	1	2	9	5
5	4	2	1	7	9	3	8	6
8	6	9	5	2	3	4	7	1
7	3	1	4	6	8	9	5	2
3	5	4	7	9	2	6	1	8
9	1	8	6	3	5	7	2	4
6	2	7	8	1	4	5	3	9

105

4	6	8	7	9	3	2	5	1
2	7	1	8	6	5	4	3	9
5	3	9	1	2	4	8	7	6
9	5	7	2	3	8	6	1	4
1	8	6	9	4	7	3	2	5
3	2	4	6	5	1	9	8	7
8	4	5	3	7	6	1	9	2
7	9	3	4	1	2	5	6	8
6	1	2	5	8	9	7	4	3

106

8	4	5	7	1	6	2	3	9
6	7	1	3	2	9	8	4	5
2	3	9	4	8	5	1	6	7
3	5	6	1	4	2	9	7	8
1	8	7	6	9	3	4	5	2
9	2	4	5	7	8	3	1	6
5	1	8	2	6	4	7	9	3
4	6	2	9	3	7	5	8	1
7	9	3	8	5	1	6	2	4

107

5	3	1	7	6	4	9	8	2
4	6	2	3	8	9	5	1	7
8	7	9	2	5	1	3	6	4
7	9	5	8	3	2	1	4	6
6	4	8	5	1	7	2	3	9
2	1	3	4	9	6	8	7	5
1	8	7	6	2	5	4	9	3
3	2	4	9	7	8	6	5	1
9	5	6	1	4	3	7	2	8

108

5	3	2	6	7	9	4	1	8
6	8	9	4	1	3	7	2	5
1	4	7	5	2	8	6	3	9
7	9	1	8	4	5	2	6	3
8	2	3	9	6	1	5	7	4
4	6	5	2	3	7	9	8	1
9	5	6	1	8	2	3	4	7
2	7	8	3	9	4	1	5	6
3	1	4	7	5	6	8	9	2

109

3	1	2	6	5	9	7	4	8
9	7	4	1	3	8	2	6	5
8	5	6	2	4	7	1	9	3
2	9	3	7	1	5	6	8	4
5	4	1	8	2	6	3	7	9
6	8	7	4	9	3	5	1	2
7	3	9	5	8	1	4	2	6
1	2	8	3	6	4	9	5	7
4	6	5	9	7	2	8	3	1

110

9	8	2	5	7	4	3	1	6
7	4	1	6	9	3	5	2	8
6	5	3	1	8	2	4	7	9
1	7	6	4	2	5	8	9	3
4	2	8	7	3	9	1	6	5
5	3	9	8	6	1	7	4	2
2	6	7	3	4	8	9	5	1
3	1	4	9	5	6	2	8	7
8	9	5	2	1	7	6	3	4

111

8	4	5	6	2	1	9	7	3
2	1	9	3	8	7	5	4	6
7	3	6	9	4	5	8	1	2
4	8	7	5	3	9	2	6	1
3	9	2	8	1	6	7	5	4
5	6	1	4	7	2	3	8	9
1	2	4	7	5	3	6	9	8
6	7	8	2	9	4	1	3	5
9	5	3	1	6	8	4	2	7

112

3	1	8	2	5	9	4	7	6
9	4	7	3	6	8	1	2	5
2	6	5	7	1	4	3	9	8
1	9	3	6	4	7	5	8	2
5	8	6	9	2	1	7	4	3
4	7	2	8	3	5	9	6	1
6	2	1	4	9	3	8	5	7
7	3	9	5	8	2	6	1	4
8	5	4	1	7	6	2	3	9

113

4	6	8	7	9	5	1	3	2
5	9	1	2	6	3	7	8	4
2	3	7	4	1	8	9	5	6
7	4	3	9	8	2	5	6	1
8	2	5	6	3	1	4	7	9
9	1	6	5	7	4	3	2	8
6	5	2	3	4	9	8	1	7
1	7	9	8	5	6	2	4	3
3	8	4	1	2	7	6	9	5

114

4	3	5	7	1	6	2	8	9
8	7	2	3	9	5	4	1	6
9	1	6	8	2	4	7	5	3
1	6	4	2	5	8	3	9	7
2	8	3	1	7	9	5	6	4
7	5	9	4	6	3	8	2	1
5	9	8	6	4	7	1	3	2
6	2	7	5	3	1	9	4	8
3	4	1	9	8	2	6	7	5

115

2	1	5	6	4	8	3	9	7
3	8	4	5	7	9	6	2	1
7	6	9	3	1	2	4	8	5
8	7	1	2	3	6	9	5	4
5	3	6	7	9	4	2	1	8
4	9	2	8	5	1	7	3	6
1	2	7	9	6	5	8	4	3
6	5	8	4	2	3	1	7	9
9	4	3	1	8	7	5	6	2

116

7	4	6	8	2	5	3	1	9
2	5	3	7	9	1	4	8	6
9	8	1	4	3	6	5	7	2
3	2	5	1	4	7	9	6	8
1	6	9	2	8	3	7	5	4
4	7	8	6	5	9	2	3	1
8	3	7	9	1	4	6	2	5
5	9	2	3	6	8	1	4	7
6	1	4	5	7	2	8	9	3

117

8	3	7	5	9	6	1	4	2
1	9	6	4	8	2	5	3	7
5	2	4	7	3	1	6	9	8
2	8	3	1	6	9	4	7	5
7	4	1	8	5	3	9	2	6
6	5	9	2	7	4	3	8	1
3	6	2	9	1	7	8	5	4
4	1	5	3	2	8	7	6	9
9	7	8	6	4	5	2	1	3

118

9	3	6	7	4	2	5	8	1
2	7	8	5	1	3	6	4	9
1	5	4	6	9	8	2	3	7
4	2	7	9	8	6	1	5	3
6	1	5	4	3	7	8	9	2
3	8	9	1	2	5	4	7	6
5	6	1	3	7	4	9	2	8
7	9	2	8	5	1	3	6	4
8	4	3	2	6	9	7	1	5

119

8	3	4	1	2	7	9	6	5
2	1	5	8	9	6	4	7	3
6	7	9	4	5	3	8	1	2
7	4	1	5	6	9	3	2	8
5	6	3	7	8	2	1	4	9
9	8	2	3	4	1	7	5	6
4	9	7	2	3	5	6	8	1
1	2	6	9	7	8	5	3	4
3	5	8	6	1	4	2	9	7

120

7	1	2	9	6	3	8	4	5
4	3	8	1	2	5	6	9	7
9	5	6	4	8	7	3	2	1
6	9	1	5	7	8	4	3	2
5	8	3	2	1	4	7	6	9
2	4	7	3	9	6	1	5	8
3	6	9	8	5	1	2	7	4
1	2	4	7	3	9	5	8	6
8	7	5	6	4	2	9	1	3

121

5	2	8	9	7	1	4	3	6
7	6	9	8	4	3	1	2	5
1	3	4	5	2	6	9	8	7
8	4	6	2	9	5	7	1	3
2	1	3	4	6	7	5	9	8
9	7	5	1	3	8	2	6	4
3	9	1	7	8	4	6	5	2
4	8	2	6	5	9	3	7	1
6	5	7	3	1	2	8	4	9

122

7	1	5	9	3	8	6	2	4
4	6	8	5	2	7	3	1	9
3	2	9	1	6	4	8	5	7
5	3	1	2	4	6	9	7	8
8	4	7	3	1	9	2	6	5
2	9	6	7	8	5	1	4	3
6	5	2	8	7	3	4	9	1
9	8	4	6	5	1	7	3	2
1	7	3	4	9	2	5	8	6

123

1	4	8	9	6	2	3	7	5
3	5	9	1	7	4	6	8	2
6	7	2	3	8	5	4	1	9
4	1	7	5	3	8	2	9	6
9	3	5	2	1	6	8	4	7
8	2	6	4	9	7	1	5	3
7	8	4	6	5	3	9	2	1
2	6	1	7	4	9	5	3	8
5	9	3	8	2	1	7	6	4

124

9	7	1	8	3	5	2	4	6
4	5	2	6	9	7	3	1	8
8	6	3	4	2	1	9	5	7
7	8	9	1	5	2	4	6	3
2	1	5	3	4	6	8	7	9
6	3	4	7	8	9	1	2	5
1	4	8	5	6	3	7	9	2
5	2	7	9	1	8	6	3	4
3	9	6	2	7	4	5	8	1

125

9	2	4	1	7	8	5	3	6
1	5	6	2	3	4	8	9	7
7	3	8	6	9	5	2	1	4
8	6	7	9	4	3	1	5	2
2	9	3	5	6	1	7	4	8
5	4	1	7	8	2	3	6	9
6	7	5	8	1	9	4	2	3
4	1	9	3	2	7	6	8	5
3	8	2	4	5	6	9	7	1

126

9	1	2	6	8	3	4	7	5
4	5	6	9	1	7	8	3	2
3	7	8	4	2	5	6	1	9
8	6	9	5	7	2	3	4	1
1	2	5	8	3	4	7	9	6
7	3	4	1	6	9	5	2	8
5	8	7	2	4	1	9	6	3
2	9	3	7	5	6	1	8	4
6	4	1	3	9	8	2	5	7

127

1	5	9	7	3	4	8	2	6
8	4	7	5	6	2	3	9	1
2	3	6	8	1	9	4	5	7
5	8	3	4	7	6	2	1	9
9	6	1	2	5	8	7	3	4
4	7	2	1	9	3	5	6	8
6	9	4	3	8	5	1	7	2
7	2	5	6	4	1	9	8	3
3	1	8	9	2	7	6	4	5

128

4	8	2	9	7	1	3	5	6
5	1	6	3	8	2	9	4	7
3	9	7	4	6	5	1	2	8
2	7	1	5	3	6	8	9	4
8	4	3	1	9	7	2	6	5
6	5	9	2	4	8	7	3	1
1	6	4	8	2	3	5	7	9
9	2	5	7	1	4	6	8	3
7	3	8	6	5	9	4	1	2

129

3	9	8	1	6	5	4	2	7
2	6	1	4	7	3	5	8	9
4	7	5	8	2	9	1	6	3
1	8	3	6	4	7	2	9	5
5	2	6	3	9	1	7	4	8
9	4	7	2	5	8	6	3	1
6	3	9	7	1	4	8	5	2
8	1	2	5	3	6	9	7	4
7	5	4	9	8	2	3	1	6

130

7	4	9	8	6	2	3	5	1
3	2	5	9	4	1	6	7	8
1	6	8	5	3	7	4	2	9
5	3	1	6	2	9	7	8	4
6	9	7	1	8	4	2	3	5
2	8	4	7	5	3	1	9	6
4	1	3	2	9	8	5	6	7
9	7	6	3	1	5	8	4	2
8	5	2	4	7	6	9	1	3

131

4	2	7	6	1	9	8	5	3
8	1	5	2	3	4	7	6	9
6	3	9	7	8	5	1	2	4
1	4	3	8	2	6	9	7	5
7	5	2	4	9	1	3	8	6
9	8	6	5	7	3	4	1	2
2	7	4	9	6	8	5	3	1
5	6	1	3	4	7	2	9	8
3	9	8	1	5	2	6	4	7

132

1	5	2	4	6	3	8	9	7
9	4	7	1	8	5	6	3	2
6	8	3	2	9	7	1	5	4
3	1	9	5	7	4	2	6	8
8	6	5	9	2	1	7	4	3
2	7	4	6	3	8	9	1	5
5	9	1	7	4	2	3	8	6
7	3	6	8	5	9	4	2	1
4	2	8	3	1	6	5	7	9

133

5	1	6	2	4	3	9	8	7
7	3	2	9	5	8	6	1	4
9	8	4	7	1	6	5	2	3
1	6	7	3	2	5	8	4	9
4	2	9	1	8	7	3	5	6
8	5	3	4	6	9	2	7	1
6	7	5	8	9	1	4	3	2
3	4	8	6	7	2	1	9	5
2	9	1	5	3	4	7	6	8

134

6	4	3	5	2	8	1	9	7
1	5	2	9	3	7	6	8	4
7	8	9	1	4	6	5	3	2
2	7	8	6	5	3	4	1	9
9	6	5	4	1	2	8	7	3
4	3	1	8	7	9	2	5	6
8	9	7	2	6	1	3	4	5
5	1	6	3	9	4	7	2	8
3	2	4	7	8	5	9	6	1

135

6	9	5	4	7	8	1	2	3
7	4	1	5	3	2	8	6	9
2	8	3	1	6	9	4	7	5
5	2	7	9	1	6	3	4	8
9	3	8	2	4	5	7	1	6
4	1	6	7	8	3	9	5	2
3	5	4	6	9	7	2	8	1
1	6	9	8	2	4	5	3	7
8	7	2	3	5	1	6	9	4

136

3	7	8	2	5	1	6	4	9
9	2	5	6	4	3	8	1	7
6	4	1	9	7	8	3	5	2
7	6	9	3	2	5	1	8	4
5	1	2	4	8	6	7	9	3
4	8	3	7	1	9	2	6	5
2	5	6	1	9	7	4	3	8
1	9	7	8	3	4	5	2	6
8	3	4	5	6	2	9	7	1

137

4	9	2	8	6	3	7	5	1
8	1	3	7	2	5	6	9	4
5	6	7	4	1	9	8	3	2
2	4	8	1	9	7	3	6	5
6	7	5	2	3	8	4	1	9
1	3	9	5	4	6	2	8	7
9	2	6	3	7	1	5	4	8
3	8	4	9	5	2	1	7	6
7	5	1	6	8	4	9	2	3

138

7	3	2	1	4	9	8	6	5
8	1	5	6	2	3	4	9	7
9	6	4	7	8	5	2	3	1
6	5	9	4	1	8	3	7	2
4	2	8	3	9	7	1	5	6
3	7	1	2	5	6	9	8	4
2	9	6	5	3	1	7	4	8
1	8	7	9	6	4	5	2	3
5	4	3	8	7	2	6	1	9

139

6	1	7	4	5	2	9	3	8
8	2	5	7	3	9	1	6	4
4	3	9	6	8	1	7	5	2
9	5	1	3	2	4	8	7	6
7	6	3	5	9	8	2	4	1
2	8	4	1	7	6	3	9	5
1	9	6	2	4	7	5	8	3
3	7	2	8	6	5	4	1	9
5	4	8	9	1	3	6	2	7

140

8	2	9	1	3	5	4	6	7
5	4	7	6	8	2	9	3	1
6	3	1	9	7	4	2	5	8
2	8	5	3	9	7	1	4	6
7	9	4	2	6	1	3	8	5
1	6	3	4	5	8	7	9	2
9	1	6	5	2	3	8	7	4
3	7	2	8	4	6	5	1	9
4	5	8	7	1	9	6	2	3

141

9	7	1	3	8	2	5	4	6
2	5	8	7	4	6	9	3	1
3	6	4	1	5	9	2	7	8
1	9	2	6	7	5	3	8	4
7	3	5	4	1	8	6	9	2
4	8	6	9	2	3	7	1	5
6	1	7	2	9	4	8	5	3
5	4	3	8	6	7	1	2	9
8	2	9	5	3	1	4	6	7

142

6	1	4	5	9	7	2	3	8
2	9	3	6	1	8	5	7	4
7	8	5	2	4	3	1	9	6
1	2	8	4	7	5	3	6	9
4	3	7	9	2	6	8	5	1
5	6	9	3	8	1	4	2	7
8	5	6	1	3	9	7	4	2
3	4	1	7	6	2	9	8	5
9	7	2	8	5	4	6	1	3

143

6	8	9	2	4	1	5	3	7
2	3	1	8	5	7	6	4	9
5	4	7	6	3	9	8	1	2
1	6	5	4	9	2	7	8	3
8	9	3	7	1	6	4	2	5
4	7	2	3	8	5	9	6	1
3	1	6	9	7	8	2	5	4
7	5	8	1	2	4	3	9	6
9	2	4	5	6	3	1	7	8

144

2	1	5	9	6	7	8	4	3
6	3	7	8	1	4	2	9	5
4	8	9	2	5	3	1	7	6
9	4	2	1	8	5	3	6	7
5	6	1	3	7	9	4	2	8
3	7	8	4	2	6	9	5	1
1	9	6	7	4	8	5	3	2
7	2	4	5	3	1	6	8	9
8	5	3	6	9	2	7	1	4

145

6	8	1	7	3	2	5	4	9
3	2	9	1	4	5	8	6	7
4	7	5	9	8	6	3	2	1
7	4	2	8	9	1	6	3	5
5	3	8	6	7	4	1	9	2
1	9	6	2	5	3	4	7	8
2	1	4	5	6	7	9	8	3
9	5	3	4	2	8	7	1	6
8	6	7	3	1	9	2	5	4

146

6	7	1	8	4	5	3	2	9
5	2	8	6	9	3	1	4	7
4	3	9	7	2	1	5	6	8
1	9	7	4	6	8	2	5	3
8	5	3	9	1	2	4	7	6
2	4	6	3	5	7	9	8	1
3	1	2	5	7	6	8	9	4
9	6	5	1	8	4	7	3	2
7	8	4	2	3	9	6	1	5

147

3	5	1	2	7	6	8	4	9
2	9	4	3	1	8	7	5	6
8	6	7	4	9	5	2	3	1
1	8	3	6	4	7	5	9	2
6	2	5	9	8	3	1	7	4
7	4	9	1	5	2	3	6	8
9	7	6	5	2	1	4	8	3
5	3	2	8	6	4	9	1	7
4	1	8	7	3	9	6	2	5

148

6	8	3	7	1	2	5	4	9
4	2	9	3	5	6	1	7	8
1	5	7	4	8	9	2	3	6
8	7	1	9	6	4	3	2	5
2	6	4	5	3	1	9	8	7
3	9	5	8	2	7	4	6	1
7	4	6	2	9	5	8	1	3
9	1	8	6	4	3	7	5	2
5	3	2	1	7	8	6	9	4

149

6	5	1	7	9	4	2	8	3
3	8	4	1	2	6	9	7	5
9	2	7	8	5	3	1	4	6
1	9	5	2	6	8	7	3	4
8	3	6	9	4	7	5	2	1
4	7	2	5	3	1	6	9	8
5	4	9	6	8	2	3	1	7
7	6	3	4	1	9	8	5	2
2	1	8	3	7	5	4	6	9

150

4	8	1	2	9	6	5	7	3
2	7	3	4	8	5	1	6	9
9	6	5	7	3	1	2	8	4
5	1	2	6	4	7	9	3	8
6	3	4	9	1	8	7	2	5
7	9	8	5	2	3	6	4	1
3	2	9	1	7	4	8	5	6
1	4	6	8	5	2	3	9	7
8	5	7	3	6	9	4	1	2

151

6	4	8	3	9	2	7	5	1
7	1	3	5	6	8	2	9	4
2	9	5	1	7	4	3	8	6
3	7	6	9	2	5	4	1	8
5	2	1	8	4	6	9	3	7
9	8	4	7	1	3	6	2	5
1	5	2	6	3	7	8	4	9
4	6	9	2	8	1	5	7	3
8	3	7	4	5	9	1	6	2

152

2	1	9	3	7	8	5	4	6
3	4	6	9	2	5	1	7	8
8	7	5	6	1	4	3	2	9
1	2	3	7	6	9	4	8	5
5	9	7	4	8	1	2	6	3
6	8	4	2	5	3	9	1	7
9	3	1	8	4	7	6	5	2
7	5	2	1	3	6	8	9	4
4	6	8	5	9	2	7	3	1

153

8	9	2	3	7	6	5	1	4
1	3	7	4	9	5	8	2	6
5	4	6	8	2	1	3	7	9
2	1	3	5	4	9	7	6	8
6	7	8	2	1	3	4	9	5
4	5	9	6	8	7	2	3	1
3	2	5	1	6	4	9	8	7
9	8	1	7	5	2	6	4	3
7	6	4	9	3	8	1	5	2